高等职业教育教学改革系列规划教材

电机与应用

叶国平　主　编
朱彩红　张　愉　副主编
平雪良　主　审

电子工业出版社

Publishing House of Electronics Industry
北京·BEIJING

内 容 简 介

本书主要介绍电机课程中常用的基本知识和基本定律、各类电机和变压器的基本结构、基本工作原理等，重点讨论变压器和交、直流电力拖动系统的起动、调速及制动时的运行性能与相关问题。主要内容包括：变压器的测试与应用、三相交流异步电动机参数和工作特性的测试、电力拖动系统知识与三相交流异步电动机的应用、直流电动机的测试与应用、微控电机的工作原理与应用。本书编写时力求把握高职教育的特点，简化原理分析，加强实际应用的举例。

本书可作为高职高专院校机电类和自动化类专业的教材，也可作为各类职业培训机构和相关专业人员的参考用书。

未经许可，不得以任何方式复制或抄袭本书之部分或全部内容。
版权所有，侵权必究。

图书在版编目（CIP）数据

电机与应用 / 叶国平主编. —北京：电子工业出版社，2015.8
高等职业教育教学改革系列规划教材
ISBN 978-7-121-26490-0

Ⅰ. ①电… Ⅱ. ①叶… Ⅲ. ①电机学－高等职业教育－教材 Ⅳ. ①TM3

中国版本图书馆 CIP 数据核字（2015）第 145416 号

策划编辑：王艳萍
责任编辑：王艳萍
印　　刷：三河市双峰印刷装订有限公司
装　　订：三河市双峰印刷装订有限公司
出版发行：电子工业出版社
　　　　　北京市海淀区万寿路 173 信箱　邮编 100036
开　　本：787×1 092　1/16　印张：11.5　字数：294.4 千字
版　　次：2015 年 8 月第 1 版
印　　次：2015 年 8 月第 1 次印刷
印　　数：3 000　定价：29.00 元

凡所购买电子工业出版社图书有缺损问题，请向购买书店调换。若书店售缺，请与本社发行部联系，联系及邮购电话：（010）88254888。

质量投诉请发邮件至 zlts@phei.com.cn，盗版侵权举报请发邮件至 dbqq@phei.com.cn。

服务热线：（010）88258888。

前　　言

本书为高职高专"电机与应用"、"电机与拖动"课程的教材，采用项目化编写形式。在内容安排上着力体现对学生职业能力的培养，既突破了传统的理论阐述体系，又不失应有的严谨和循序渐进。为提高学生学习的主动性，本书选编了部分实践性强而又不难掌握的内容，如电动机的拆装等，便于教师通过项目驱动的方式开展教学。

本书的内容分为 5 个项目，每个项目又分为若干任务，共有 15 个任务。主要内容包括：变压器的测试与应用、三相交流异步电动机参数和工作特性的测试、电力拖动系统知识与三相交流异步电动机的应用、直流电动机的测试与应用、微控电机的工作原理与应用。每个任务均包括任务导入、知识准备和任务实施 3 个部分。

本书特点：

（1）以项目为导向，任务驱动，使学生深刻理解各种电机的工作原理和应用方法。

（2）强调实用性和技术先进性，淡化理论推导，以讲通为主要目的。

（3）各项目中的理论与实践紧密结合，由浅到深，层层递进。

本书由苏州市职业大学叶国平、朱彩红和张愉老师编写。叶国平编写项目 1、2 和 3，朱彩红编写项目 4，张愉编写项目 5。江南大学平雪良教授担任了本书的主审，在此表示感谢。

本书配有免费的电子教学课件和课后习题参考答案，请有需要的教师登录华信教育资源网（www.hxedu.com.cn）免费注册后进行下载，如有问题请在网站留言或与电子工业出版社联系（E-mail：hxedu@phei.com.cn）。

由于编者水平有限，书中难免错误和不足之处，恳请使用本书的读者提出宝贵意见和建议。

编　者
2015 年 5 月

目　　录

项目1　变压器的测试与应用 ……………………………………………………………（1）
　　任务1.1　单相变压器的拆装及重绕 ………………………………………………（1）
　　　　1.1.1　变压器的用途与分类 ………………………………………………（2）
　　　　1.1.2　变压器的基本工作原理 ……………………………………………（3）
　　　　1.1.3　变压器的主要结构 …………………………………………………（4）
　　　　1.1.4　变压器的铭牌数据和主要系列 ……………………………………（6）
　　实验1：拆卸、装配、重绕和测试单相变压器 ……………………………………（8）
　　任务1.2　变压器的通用测试 ………………………………………………………（10）
　　　　1.2.1　变压器的空载运行 …………………………………………………（11）
　　　　1.2.2　变压器的负载运行 …………………………………………………（15）
　　实验2：变压器的空载实验和短路实验 ……………………………………………（18）
　　任务1.3　变压器运行特性测试 ……………………………………………………（20）
　　　　1.3.1　变压器的电压变化率和外特性 ……………………………………（21）
　　　　1.3.2　变压器的效率特性 …………………………………………………（22）
　　实验3：变压器的外特性和效率特性测量实验 ……………………………………（24）
　　任务1.4　变压器的连接组别的判定 ………………………………………………（25）
　　　　1.4.1　变压器绕组的同名端 ………………………………………………（26）
　　　　1.4.2　单相变压器的连接组别 ……………………………………………（26）
　　　　1.4.3　三相变压器的连接 …………………………………………………（27）
　　实验4：变压器的连接组别判定实验 ………………………………………………（29）
　　思考与练习题 …………………………………………………………………………（35）

项目2　三相交流异步电动机参数和工作特性的测试 ……………………………（36）
　　任务2.1　三相交流异步电动机的拆装 ……………………………………………（36）
　　　　2.1.1　概述 …………………………………………………………………（37）
　　　　2.1.2　异步电动机的用途和分类 …………………………………………（37）
　　　　2.1.3　三相交流异步电动机的基本工作原理 ……………………………（38）
　　　　2.1.4　三相交流异步电动机的主要结构 …………………………………（42）
　　　　2.1.5　三相交流异步电动机的铭牌数据 …………………………………（45）
　　实验5：拆装三相异步电动机 ………………………………………………………（46）
　　任务2.2　三相交流异步电动机参数测试 …………………………………………（47）
　　　　2.2.1　转子静止时的三相交流异步电动机 ………………………………（47）
　　　　2.2.2　转子旋转时的三相交流异步电动机 ………………………………（55）
　　　　2.2.3　三相交流异步电动机的功率和转矩 ………………………………（59）
　　实验6：三相异步电动机的空载实验和短路实验 …………………………………（63）

任务 2.3　三相交流异步电动机工作特性的测定 ···（66）
　　　　2.3.1　三相交流异步电动机的工作特性 ···（66）
　　　　2.3.2　三相交流异步电动机的机械特性 ···（68）
　　实验 7：三相异步电动机的特性测量实验 ···（76）
　　思考与练习题 ···（77）

项目 3　电力拖动系统知识与三相交流异步电动机的应用 ·····················（82）
　　任务 3.1　电力拖动系统动力学知识 ···（82）
　　　　3.1.1　电力拖动系统转动方程式 ···（82）
　　　　3.1.2　负载的转矩特性 ···（83）
　　任务 3.2　三相交流异步电动机的应用 ···（85）
　　　　3.2.1　三相交流异步电动机的起动 ···（85）
　　　　3.2.2　三相交流异步电动机的调速 ···（93）
　　　　3.2.3　三相交流异步电动机的制动 ···（102）
　　实验 8：三相异步电动机的起动、调速实验 ···（110）
　　思考与练习题 ···（113）

项目 4　直流电动机的测试与应用 ···（118）
　　任务 4.1　直流电动机的拆装 ···（118）
　　　　4.1.1　直流电动机的结构 ···（118）
　　　　4.1.2　直流电动机的铭牌数据 ···（121）
　　　　4.1.3　直流电动机的用途和分类 ···（122）
　　　　4.1.4　直流电动机的基本工作原理 ···（124）
　　实验 9：拆装直流电动机 ···（126）
　　任务 4.2　直流电动机运行特性测试 ···（127）
　　　　4.2.1　直流电动机稳态运行时的基本方程式 ···（127）
　　　　4.2.2　他励直流电动机的机械特性 ···（131）
　　实验 10：直流电动机的运行特性测量实验 ···（134）
　　任务 4.3　直流电动机的应用 ···（136）
　　　　4.3.1　他励直流电动机的起动 ···（136）
　　　　4.3.2　他励直流电动机的调速 ···（138）
　　　　4.3.3　他励直流电动机的制动 ···（142）
　　实验 11：直流电动机调速、能耗制动测量实验 ···································（148）
　　思考与练习题 ···（150）

项目 5　微控电机的工作原理与应用 ···（154）
　　任务 5.1　伺服电动机 ···（154）
　　　　5.1.1　直流伺服电动机 ···（155）
　　　　5.1.2　交流伺服电动机 ···（160）
　　　　5.1.3　直流伺服电动机与交流伺服电动机的比较 ·································（164）
　　任务 5.2　步进电动机 ···（165）
　　　　5.2.1　反应式步进电动机的结构与工作原理 ···（166）

  5.2.2 步进电动机控制与应用 …………………………………………………………（169）
任务 5.3 直线电动机 ……………………………………………………………………（170）
  5.3.1 直线感应电动机 …………………………………………………………………（171）
  5.3.2 直线直流电动机 …………………………………………………………………（173）
  5.3.3 直线电动机应用举例 ……………………………………………………………（175）
思考与练习题 …………………………………………………………………………………（176）

项目 1　变压器的测试与应用

知识目标

1．掌握变压器的用途、基本结构、铭牌额定值的含义；
2．掌握变压器的工作原理；
3．掌握变压器的等值电路及计算方法；
4．熟悉仪用变压器的工作原理和使用方法。

1．熟悉单相变压器拆装及重绕的方法；
2．掌握变压器空载和短路实验的方法和过程；
3．掌握变压器的外特性和效率特性的测试方法；
4．了解三相变压器的连接组的判别方法。

任务 1.1　单相变压器的拆装及重绕

变压器种类繁多，但基本结构和工作原理是相似的。通过本次小型单相变压器的拆装及重绕任务，学生应能够掌握小型单相变压器的基本结构。小型变压器是指在工频范围内进行电压、电流变换的变压器，容量从几十伏安到一千伏安。小型变压器应用广泛，常见的有电源变压器、控制变压器等。

1.1.1 变压器的用途与分类

1. 变压器的用途

（1）电力系统

在电力系统中，变压器是一种重要的电气设备。电力系统中使用的变压器称为电力变压器。将大功率的电能经济地从发电厂输送到远距离的用电区，应采用高压输电，因为传输一定的电功率，电压越高，电流也就越小。使用变压器，既可以节省导线和其他架设费用，又可以减少送电时导线上的损耗和电压降。

（2）其他用途

除了电力系统中的电力变压器外，根据变压器的用途，还有供给特殊电源的变压器，如电炉变压器、整流变压器、电焊变压器、中频变压器等；仪用变压器，如电压互感器、电流互感器等；以及其他各种变压器，如实验室中使用的自耦变压器（调压器）、自动控制系统中的小功率变压器、通信系统中的阻抗变压器等。在一般工业和民用产品中，利用变压器还可以实现电源与负载的阻抗匹配、电路隔离等。

总之，变压器的应用非常广泛，变压器的生产和测试具有重要意义。

2. 变压器的分类

变压器的容量范围很广，品种、规格很多，为了达到不同的使用目的并适应不同的工作条件，变压器可以从不同的角度进行分类。

（1）按用途分

变压器按用途可以分为电力变压器和特种变压器。

电力变压器是电力系统中输配电的主要设备，包括升压变压器、降压变压器、联络变压器（连接几个不同电压等级的电网）、配电变压器和厂用变压器（供发电厂自用电用）等。特种变压器提供各种特殊电源和用途，包括变流（整流、换流）变压器、电炉变压器、电焊变压器、矿用变压器、电压互感器、电流互感器、实验用高压变压器和调压器等。

（2）按绕组数目分

变压器按绕组数目可以分为单绕组（自耦）变压器、双绕组变压器、三绕组变压器和多绕组变压器。电力系统中使用最多的是双绕组变压器，其次是三绕组变压器和自耦变压器。

（3）按相数分

变压器按相数可以分为单相变压器、三相变压器和多相（如整流用六相）变压器。

（4）按结构分

变压器按结构可以分为心式变压器、壳式变压器和卷环式变压器。

（5）按调压方式分

变压器按调压方式可以分为无励磁调压变压器和有载调压变压器。

（6）按冷却方式分

变压器按冷却介质不同可以分为干式变压器、油浸式变压器（又可分为油浸自冷、油浸风冷、油浸水冷、强迫油循环冷却、强迫油循环导向冷却）和充气式冷却变压器。

（7）按容量大小分

变压器按容量大小可以分为小型变压器、中型变压器、大型变压器和特大型变压器。

1.1.2 变压器的基本工作原理

变压器是利用电磁感应原理工作的，图 1-1 所示为单相双绕组变压器工作原理示意图，该变压器由一个闭合的铁芯和套在铁芯上的两个相互绝缘的绕组组成，这两个绕组一般有不同的匝数，两个绕组之间只有磁的耦合，而没有电的联系。

其中，与电源相连、接收交流电能的 AX 绕组称为原绕组（也称一次绕组，初级绕组）；与负载相连、送出交流电能的 ax 绕组称为副绕组（也称二次绕组，次级绕组）。规定原、副绕组的各量分别附有下标"1"和"2"，如原绕组的匝数、电压、电动势、电流分别用 N_1、u_1、e_1、i_1 来表示，副绕组的匝数、电压、电动势、电流分别用 N_2、u_2、e_2、i_2 来表示。

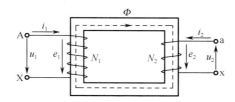

图 1-1 单相双绕组变压器工作原理示意图

当原绕组 N_1 两端外加交变电压 u_1 后，绕组 N_1 中就会有交变电流流过，并在铁芯中产生与电源频率相同的交变磁通 Φ。由于 Φ 同时交链原绕组 N_1 和副绕组 N_2，根据电磁感应定律，将同时在原、副绕组中产生感应电动势 e_1 和 e_2。如果 N_1 和 N_2 匝数不相等，产生的感应电动势 e_1 和 e_2 也不相等，则变压器两侧的电压 u_1 和 u_2 的大小就不相等，达到了变换电压的目的。由于磁通的交变频率是由 u_1 的频率决定的，而感应电动势 e_1 和 e_2 是由同一个交变磁通 Φ 感应出来的，因此 e_2 的频率与 e_1 的频率是相同的。u_2 的频率与 u_1 的频率也是相同的，所以变压器能将一种交流电压的电能在频率不变的情况下变换成另一种交流电压的电能，能量的变换和传递以交变磁通 Φ 为媒介。这就是变压器的基本工作原理。

在理想状况下（不计原、副绕组的电阻、铁耗和漏磁），各量参考正方向如图 1-1 所示，根据电磁感应原理，可写出变压器的电压平衡方程式为

$$\begin{cases} u_1 = -e_1 = N_1 \dfrac{\mathrm{d}\Phi}{\mathrm{d}t} \\ u_2 = -e_2 = N_2 \dfrac{\mathrm{d}\Phi}{\mathrm{d}t} \end{cases} \quad (1\text{-}1)$$

式中，$\dfrac{\mathrm{d}\varPhi}{\mathrm{d}t}$ 为铁芯中的磁通变化率。

假设原、副绕组的电压、感应电动势的瞬时值均按正弦规律变化，则根据式（1-1），各物理量的有效值与匝数满足下列关系：

$$\frac{U_1}{U_2}=\frac{E_1}{E_2}=\frac{N_1}{N_2}=k \tag{1-2}$$

式中，k 为变压器的变比，也称为匝数比。

由此可得：

$$U_2=\frac{U_1}{k}$$

说明：只要改变原、副绕组的匝数，即改变变压器的变比 k，就能按要求改变输出电压的大小。

忽略绕组的电阻及铁芯损耗（铁芯中由磁通 $\varPhi$ 交变所引起的损失），根据能量守恒原理，则

$$U_1 I_1 = U_2 I_2 \tag{1-3}$$

可得变压器原、副绕组中电压和电流有效值的关系为

$$\frac{I_1}{I_2}=\frac{U_2}{U_1}=\frac{1}{k} \tag{1-4}$$

由此可见，变压器在改变输出电压大小的同时，亦能改变输出电流的大小。

1.1.3 变压器的主要结构

变压器的结构对提高产品效率、节约材料等有直接影响。变压器的种类不同，结构也有较大差别。变压器的主要结构是基本相同的，一般包括铁芯、绕组和附件。铁芯和绕组是变压器实现电能传递的主体，为了保证变压器安全、可靠地运行，变压器还配置了油箱、分接开关、绝缘套管、冷却装置、安全保护装置、检测装置等附件。图 1-2 为一台油浸式电力变压器外形图。

1. 铁芯

（1）铁芯的作用

铁芯是变压器的主磁路部分，也是套装绕组的机械骨架，由铁芯柱（柱上套装绕组）、铁轭（连接铁芯以形成闭合磁路）组成，在变压器中主要起着两个作用：一是用做磁路，二是用来支撑和固定绕组。

（2）铁芯的材料

为了提高磁路的导磁性能、减小交变磁通在铁芯中产生的磁滞损耗和涡流损耗，变压器的铁芯通常由厚为 0.23～0.35mm、表面有氧化膜绝缘的硅钢片叠成。若要进一步降低铁耗，可采用另一种铁芯材料——非晶合金。在工作频率高和要求损耗特别小的情况下，也有用铁镍合金片作为铁芯的。

（3）铁芯的结构形式

变压器的铁芯是框形闭合结构，主要由铁芯柱、铁轭和夹紧装置等组成，主要有心式和壳式两类。

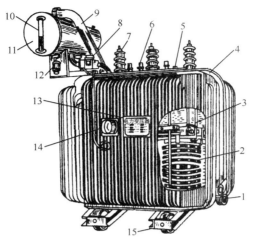

1—油阀；2—绕组；3—铁芯；4—油箱；5—分接开关；6—低压导管；7—高压导管；8—瓦斯继电器；
9—防爆筒；10—油位器；11—油枕；12—吸湿器；13—铭牌；14—温度计；15—小车

图 1-2 油浸式电力变压器外形图

心式变压器结构如图 1-3 所示，这种变压器的绕组绕在两个铁芯柱上，结构比较简单，绕组装配和绝缘也比较容易，适用于容量大而且电压高的变压器，国产电力变压器均采用心式结构。

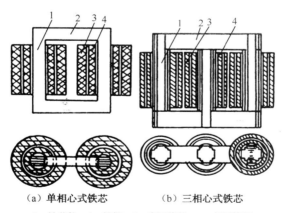

（a）单相心式铁芯　　（b）三相心式铁芯

1—铁芯柱；2—铁轭；3—高压绕组；4—低压绕组

图 1-3 心式变压器结构示意图

壳式变压器结构如图 1-4 所示，这种变压器的绕组绕在中间铁芯柱上，磁通从中间铁芯柱出来分左、右路而闭合，可见两侧铁芯柱的截面只需中间铁芯柱截面的一半。这种结构机械强度较好，铁芯容易散热，但外层绕组的铜线用量较多，制造工艺复杂，一般用于小功率变压器。

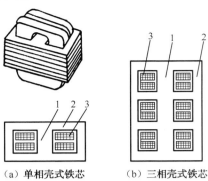

(a) 单相壳式铁芯　　(b) 三相壳式铁芯

1—铁芯柱；2—铁轭；3—绕组

图 1-4　壳式变压器结构示意图

2. 绕组

（1）绕组的作用

绕组是变压器的电路部分，通过电磁感应实现交流电能的传递。一般分为高压绕组和低压绕组。接在较高电压上的绕组称为高压绕组，接在较低电压上的绕组称为低压绕组。

（2）绕组的材料

变压器的绕组一般用绝缘铜线或绝缘铝线绕制而成。小容量配电变压器的绕组常采用漆包铜线，大中型变压器的绕组多采用纸包或纱包铜线。绕组一般在模型或简易骨架上绕制而成，然后套入铁芯。高压绕组的匝数多、导线横截面小，低压绕组的匝数少、导线横截面大。

（3）绕组的绝缘

绕组的绝缘分为主绝缘和纵绝缘两种。主绝缘是指绕组和铁芯、油箱等接地部分之间的绝缘，高、低压绕组之间的绝缘及各绕组之间的绝缘。纵绝缘主要是指绕组匝间、层间、段间的绝缘。

1.1.4　变压器的铭牌数据和主要系列

1. 变压器的铭牌数据

为了使变压器安全、经济、合理地运行，同时让用户对变压器的性能有所了解，制造厂家对每一台变压器都安装了一个铭牌，上面标出了其型号、额定数据和其他数据。额定值是制造厂指定的、用来表示变压器在规定工作条件下运行特征的一些量值，变压器在额定状态下工作，不仅运行可靠，而且性能良好。变压器的主要额定值如下。

（1）额定容量 S_N（kV·A）

额定容量是指铭牌规定的变压器在额定使用条件下所能输出的视在功率，对三相变压器而言，额定容量是指三相容量之和。由于变压器效率很高，双绕组变压器一、二次侧的额定容量按相等设计。

(2) 额定电压 U_N（kV 或 V）

额定电压是指变压器长时间运行时所能承受的工作电压。一次额定电压 U_{1N} 是指规定加到一次侧的电压；二次额定电压 U_{2N} 是指变压器一次侧加额定电压时，二次侧空载时的端电压，在三相变压器中额定电压指的是线电压。

(3) 额定电流 I_N（A）

额定电流是指变压器在额定容量下允许长期通过的电流。同样，三相变压器的额定电流也指的是线电流。

(4) 额定频率 f（Hz）

我国规定标准工频为 50Hz。

此外，额定值还包括效率、温升等。除额定值外，铭牌上还标有变压器的相数、连接组别、阻抗电压（或短路阻抗相对值）、接线图、冷却方式等。

变压器的额定容量、额定电压、额定电流之间的关系如下。

单相双绕组变压器：$S_N = U_{1N}I_{1N} = U_{2N}I_{2N}$

三相双绕组变压器：$S_N = \sqrt{3}U_{1N}I_{1N} = \sqrt{3}U_{2N}I_{2N}$

变压器负载运行时，二次电流 I_2 随负载变化而变化，不一定是额定电流 I_{2N}，二次电压也随负载变化而有所变化，因此变压器实际输出容量往往不等于其额定容量。当变压器一次绕组接到额定频率、额定电压的交流电网上，二次电流 I_2 达到其额定值 I_{2N} 时，一次电流 I_1 也达到其额定值 I_{1N}。此时，变压器运行于额定工况，或称额定运行，其负载称为额定负载，也称满载。在额定工况下，变压器可长期可靠运行，并具有优良的性能。因此，额定值是变压器设计、实验和运行中的重要依据。

2. 变压器的主要系列

(1) 型号说明

变压器型号表明变压器的基本类别和特点，如图 1-5 所示。

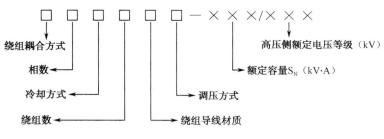

图 1-5 变压器型号

短横线前用汉语拼音字母表示变压器的基本类型。其中，绕组的耦合方式用"O"表示自耦变压器；相数：单相用"D"表示，三相用"S"表示；冷却方式：油浸自冷无表示符号，干式空气自冷用"G"表示，干式浇注式绝缘用"C"表示，油浸风冷用"F"表示，油浸水冷用"S"表示，强迫油循环风冷和水冷分别用"FP"和"SP"表示；绕组数：双绕组无表示符号，三绕组用"S"表示；绕组导线材质：铜线无表示符号，铝线用"L"表示；调压方式：无励磁调压无表示符号，有载调压用"Z"表示。

例如：SL—500/10 表示三相油浸自冷双绕组铝线、额定容量为 500kV·A、高压绕组额定电压为 10kV 级的电力变压器。

（2）主要系列

我国生产的各种变压器产品系列有 S7、SL7、S9、SC9 等。其中，SC9 型为环氧树脂浇注干式变压器。

【例 1-1】 一台三相变压器，一、二次绕组分别为星形、三角形连接，额定容量 $S_N = 630\text{kV} \cdot \text{A}$，一、二次额定电压 $U_{1N}/U_{2N} = 10\text{kV}/400\text{V}$。求该变压器一、二次的额定线电流和额定相电流。

解：一次额定线电流为

$$I_{1N} = \frac{S_N}{\sqrt{3}U_{1N}} = \frac{630 \times 10^3}{\sqrt{3} \times 10 \times 10^3} = 36.4\text{A}$$

二次额定线电流为

$$I_{2N} = \frac{S_N}{\sqrt{3}U_{2N}} = \frac{630 \times 10^3}{\sqrt{3} \times 400} = 909.3\text{A}$$

一次额定相电流为

$$I_{1N\varphi} = I_{1N} = 36.4\text{A}$$

二次额定相电流为

$$I_{2N\varphi} = I_{2N}/\sqrt{3} = 909.3/\sqrt{3} = 525.0\text{A}$$

任务实施

实验 1：拆卸、装配、重绕和测试单相变压器

1. 仪器与设备

实验所需仪器与设备如表 1-1 所示。

表 1-1 实验所需仪器与设备

	名 称	参 数	数 量
1	电工工具		1 套
2	单相自耦调压器	1kV	1 台
3	交流电压表	0～300V	1 只
4	交流电流表	0～1A	1 只
5	万用表		1 只

续表

名称		参数	数量
6	兆欧表	500V	1只
7	干电池	1.5～3V	1组
8	手摇绕线机		1台
9	漆包线		适量
10	绝缘材料		适量
11	单相变压器		1台

2. 内容和步骤

1）单相变压器的拆卸

由于单相变压器铁芯一般采用交错式叠片的方法进行叠制，因此它的拆卸难度比较大。它的铁芯有E形及F形两种，E形铁芯的拆卸较F形稍容易，下面以E形铁芯为例介绍。

（1）将铁芯四角的紧固螺钉拆去。

（2）边用电工刀片撬开E形铁芯，边逐步取出I形铁芯。上端取完后，再翻过来取下端的I形铁芯片，直到取完为止。

（3）在变压器的下方垫一木块，铁芯外边缘伸出几片硅钢片，然后在上面用断锯条平面对准E形铁芯片中间的舌片，用锤子轻轻敲打，将铁芯片冲出几片。

（4）将冲出的几片铁芯片用台虎钳夹紧，然后用手抱住上面的铁芯，沿两侧摇动，慢慢将铁芯片取出。

2）单相变压器的装配

按与拆卸相反的步骤进行装配，装配时应注意E形铁芯片与I形铁芯片的接缝应越小越好，通常将2～3片E形铁芯叠在一起，再交错进行装配。最后几片铁芯片装配难度较大，一般可将单片插在已装好的两片中间夹缝内，再轻轻敲打进入。E形铁芯片装配完毕后，再装I形铁芯片，用木槌轻敲铁芯片，使E形铁芯片与I形铁芯片的接缝越小越好。

3）单相变压器绕组的重绕

如果绕组已烧坏，则需重新绕制。重绕时先将绕组外包绝缘拆除，再将导线拆除，保留绕组绝缘框架。

（1）导线选择。可按原绕组上注明的参数或原绕组的实际参数来选用漆包铜线。

（2）绝缘材料准备。用与原变压器相同的绝缘材料，裁剪成所需尺寸。

（3）框架准备。通常绕组拆除后的旧框架可以重新使用，如已损坏，则可用硬绝缘纸板按原样重新制作。

（4）木芯制作。木芯套在框架内空中、中间开圆孔穿在绕线机轴上以方便绕线，木芯边角应用砂布磨成圆角，方便木芯取出。

（5）变压器绕组的绕制。

① 按原绕组的参数在绕线机上重绕绕制。

② 将框架固定在绕线机上。固定时在框架内孔插入做好的木芯，且两端用木板夹紧，以避免绕线时框架变形。

③ 绕制。先在框架上垫一层复合薄膜青壳绝缘纸，用与原规格相同的漆包导线绕制，每绕一层垫上层间绝缘纸。绕制最后一层的若干匝时，先压上一根白布带，将最后一匝穿过白布带的"环"中，然后拉紧白布带将最后一匝固定。绕制时要注意绕组的头尾引出应在框架的同一端。

整个绕组绕完后，再在绕组外包一层复合薄膜青壳绝缘纸，并固定好，就绕制完成了。

④ 整形。将绕好的绕组在台虎钳上压正整形，但压力不能过大，以免损坏导线的绝缘。

⑤ 压装铁芯。按记录的铁芯压装方式，将接口对接压装铁芯到位。最后的少数铁芯片可先插入而不压到位，等全部铁芯片插入后，再将它们一起压到位，否则最后几片难以插入，影响整个铁芯的有效截面积。

4）单相变压器的测试

（1）一次绕组和二次绕组直流电阻及相互之间绝缘电阻的测试。

（2）一次绕组和二次绕组对铁芯的绝缘电阻的测试。

（3）一次绕组和二次绕组空载电压的测试。

将直流电阻及一、二次绕组相关数据，空载电压、绝缘电阻测试数据记录于表1-2中。

表1-2 单相变压器测试数据

一次绕组		二次绕组		直流电阻/Ω		U_1/V	U_2/V	绝缘电阻 R/MΩ	
线径 d/mm	匝数	线径 d/mm	匝数	一次绕组	二次绕组			绕组间	绕组对地

任务 1.2 变压器的通用测试

 任务导入

要正确使用变压器，就应该知道变压器的有关参数，包括变压器的变比，励磁支路和一、二次回路漏阻抗参数。通过完成本次小型单相变压器通用测试的任务，即变压器的空载实验和短路实验，应能够达到掌握单相小型变压器基本参数的目的。

项目1 变压器的测试与应用

1.2.1 变压器的空载运行

变压器的空载运行是指变压器一次绕组接在额定电压的交流电源上，而二次绕组开路、负载电流为零的运行状态。空载运行是变压器最简单的一种运行状态。图1-6为变压器空载运行的示意图。

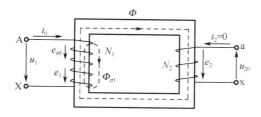

图1-6 变压器空载运行示意图

1. 变压器空载运行时的电磁关系

当一次绕组加上交流电压 u_1，其中就会流过电流 i_0，称为空载电流，进而产生交变磁通，所以空载电流也称为励磁电流。由于铁芯的磁导率比空气的磁导率大得多，所以磁通绝大部分通过铁芯而闭合，同时交链一次绕组 N_1 和二次绕组 N_2 的这部分磁铁称为主磁通，用 Φ 表示。主磁通在一、二次绕组中分别感应电动势 e_1 和 e_2。另外很少一部分磁通仅与一次绕组交链，称为一次绕组的漏磁通，用 $\Phi_{\sigma 1}$ 表示。$\Phi_{\sigma 1}$ 只在 N_1 中感应电动势 $e_{\sigma 1}$，不交链二次绕组，故不起能量传递作用。此外，空载电流 i_0 还在一次绕组 r_1 上产生一个很小的压降 $i_0 r_1$。空载运行时的主磁通 Φ 仅由一次绕组的励磁电流产生。

2. 电压平衡方程式

（1）感应电动势

在不考虑铁芯磁路饱和时，主磁通 Φ 和漏磁通 $\Phi_{\sigma 1}$ 都以电源电压 u_1 的频率 f 随时间 t 按正弦规律变化，其瞬时表达式可写为

$$\Phi = \Phi_m \sin\omega t , \quad \Phi_{\sigma 1} = \Phi_{\sigma 1m} \sin\omega t$$

其中，Φ_m、$\Phi_{\sigma 1m}$ 分别是主磁通 Φ 和一次绕组漏磁通 $\Phi_{\sigma 1}$ 的最大值，$\omega = 2\pi f$ 为角频率。

① 主磁通感应电动势。

根据电磁感应定律，主磁通在一次绕组感应电动势瞬时值 e_1 的表达式为

$$e_1 = -N_1 \frac{dF}{dt} = -\omega N_1 F_m \cos\omega t = \omega N_1 F_m \sin(\omega t - \frac{p}{2}) = E_{1m} \sin(\omega t - \frac{p}{2})$$

主磁通在二次绕组感应电动势瞬时值 e_2 的表达式为

$$e_2 = -N_2 \frac{dF}{dt} = \omega N_2 F_m \sin(\omega t - \frac{p}{2}) = E_{2m} \sin(\omega t - \frac{p}{2})$$

e_1、e_2 都随时间 t 按正弦规律变化,写成时间相量的形式为

$$\dot{E}_1 = \frac{\dot{E}_{1m}}{\sqrt{2}} = -j\frac{\omega N_1}{\sqrt{2}}\dot{\Phi}_m = -j\frac{2\pi}{\sqrt{2}}fN_1\dot{\Phi}_m = -j4.44fN_1\dot{\Phi}_m \tag{1-5}$$

$$\dot{E}_2 = \frac{\dot{E}_{2m}}{\sqrt{2}} = -j\frac{\omega N_2}{\sqrt{2}}\dot{\Phi}_m = -j\frac{2\pi}{\sqrt{2}}fN_2\dot{\Phi}_m = -j4.44fN_2\dot{\Phi}_m \tag{1-6}$$

式中,$\dot{\Phi}_m$ 为主磁通 Φ 的最大值相量,$\dot{E}_1$ 和 $\dot{E}_2$ 分别是相电动势 e_1 和 e_2 的有效值相量。按照所规定的参考方向,$\dot{E}_1$ 和 $\dot{E}_2$ 都滞后于产生它们的主磁通 $\dot{\Phi}_m$ 90°。

由式(1-5)和式(1-6)可得,一、二次绕组相电动势 E_1、E_2 与主磁通最大值 $\dot{\Phi}_m$ 的关系为

$$E_1 = 4.44fN_1\Phi_m, \quad E_2 = 4.44fN_2\Phi_m \tag{1-7}$$

即一、二次绕组相电动势 E_1、E_2 与频率 f、绕组匝数(N_1、N_2)和主磁通最大值 $\dot{\Phi}_m$ 成正比。

② 漏磁通感应电动势。

由于漏磁通所经路径主要是空气,其磁阻为常数,漏磁通感应电动势的相量形式为

$$\dot{E}_{\sigma 1} = -j\frac{\omega N_1}{\sqrt{2}}\dot{\Phi}_{\sigma 1m} = -j\dot{I}_0\omega L_{\sigma 1} = -j\dot{I}_0 x_1 \tag{1-8}$$

式中,$x_1 = \omega L_{\sigma 1}$ 为一次绕组漏电抗(简称漏抗),单位为 Ω。

从上面分析可知,漏感电动势 $e_{\sigma 1}$ 与空载电流 i_0 频率相同,而相位上比 i_0 落后 90°,即漏感电动势 $e_{\sigma 1}$ 可以看成电流 i_0 流过漏电抗 x_1 产生的压降。

(2)电压平衡方程式

① 一次绕组回路电压平衡方程式。

根据图 1-6 各量正方向,运用基尔霍夫定律,可得一次绕组回路电压平衡方程式为

$$\dot{U}_1 = -\dot{E}_1 - \dot{E}_{\sigma 1} + \dot{I}_0 r_1 = -\dot{E}_1 + j\dot{I}_0 x_1 + \dot{I}_0 r_1 = -\dot{E}_1 + \dot{I}_0 Z_1 \tag{1-9}$$

式中,$Z_1 = r_1 + jx_1$ 为一次绕组漏阻抗,单位为 Ω。

式(1-9)表明,变压器空载运行时,外加电压 $\dot{U}_1$ 与一次绕组反电动势 $-\dot{E}_1$ 和漏阻抗压降 $\dot{I}_0 Z_1$ 之和相平衡。

类似于漏磁通感应电动势 $\dot{E}_{\sigma 1}$ 以空载电流 $\dot{I}_0$ 在漏抗 x_1 上压降形式表示,主磁通产生的感应电动势 $\dot{E}_1$ 也做同样的处理,但考虑到主磁通在铁芯中引起铁损耗,故不能单纯地引入一个电抗,而应引入包括铁损耗等值电阻在内的阻抗 Z_m。这样便把 $\dot{E}_1$ 看做空载电流 $\dot{I}_0$ 在 Z_m 上的阻抗压降,即

$$-\dot{E}_1 = \dot{I}_0 Z_m = \dot{I}_0(r_m + jx_m) \tag{1-10}$$

式中，$Z_m = r_m + jx_m$ 为励磁阻抗，单位为 Ω；r_m 为励磁电阻，对应于铁损耗的等值电阻，单位为 Ω；x_m 为励磁电抗，对应于主磁通的等值电抗，单位为 Ω。

将式（1-10）代入式（1-9），得到一次绕组回路电压平衡方程式的另一表达式为

$$\dot{U}_1 = -\dot{E}_1 + \dot{I}_0 Z_1 = \dot{I}_0 Z_m + \dot{I}_0 Z_1 = \dot{I}_0 (Z_m + Z_1) \tag{1-11}$$

式（1-11）表明，变压器一次绕组的外施电压与励磁阻抗和一次绕组漏阻抗上的压降平衡。

电力变压器空载运行时，$I_2 = 0$，$I_1 = I_0 \approx (2\% \sim 8\%) I_{1N}$，故 $I_0 Z_1 < 0.2\%$，可忽略不计，则

$$\dot{U}_1 \approx -\dot{E}_1 = j4.44 f N_1 \dot{\Phi}_m \tag{1-12}$$

式（1-12）表明，U_1 和 E_1 在数值上相等，在方向上相反，在波形上相同。Φ 的大小取决于 U_1、N_1、f 的大小，当 U_1、N_1、f 不变时，则 Φ 基本不变，磁路饱和程度也基本不变。

② 二次绕组回路电压平衡方程式。

变压器空载运行时，二次绕组中没有电流，即 $I_2 = 0$，绕组内无压降产生，因此二次的开路电压 $\dot{U}_{20}$ 就等于感应电动势 $\dot{E}_2$，即

$$\dot{U}_{20} = \dot{E}_2 = -j4.44 f N_2 \dot{\Phi}_m \tag{1-13}$$

（3）变比

变压器的变比定义为一、二次绕组电动势之比，用 k 表示，即

$$k = \frac{E_1}{E_2} = \frac{N_1}{N_2} \approx \frac{U_1}{U_{20}} \tag{1-14}$$

变比 k 是变压器一个重要参数，但需注意：

① k 也可取一、二次绕组电压之比；
② 对三相变压器是指一、二次绕组的相电动势（相电压）之比。
③ $k > 1$ 是降压变压器，$k < 1$ 是升压变压器。

3. 变压器的空载电流（励磁电流）

空载电流有两个作用：一是建立空载运行时的磁通，二是供给变压器空载运行时所必需的有功功率损耗。

4. 等效电路

变压器中既有电路、磁路问题，又有电与磁之间相互联系的问题。为了分析问题的方便，在不改变电磁关系的条件下，工程上常用一个线性电路来代替变压器这种复杂的电磁关系，这个线性电路就称为等效电路。

根据式（1-11），可画出变压器空载运行时的等效电路，如图 1-7 所示。

变压器空载时的等效电路相当于两个阻抗值不等的线圈串联，一个是阻抗为 $Z_1 = r_1 + jx_1$ 的空心线圈，另一个是阻抗值为 $Z_m = r_m + jx_m$ 的铁芯线圈。r_m、x_m 均随电压

大小和铁芯饱和程度而变，但实际变压器运行时，U_1、f 不变，则认为 r_m、x_m 是常数。

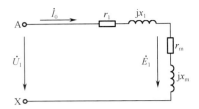

图 1-7 变压器空载运行时的等效电路

电力变压器的励磁阻抗比一次绕组漏阻抗大很多，即 $Z_m \gg Z_1$。从图 1-7 等效电路可看出，在额定电压下，励磁电流 I_0 主要取决于励磁阻抗 Z_m 的大小。变压器运行时，希望 I_0 数值小一些为好，为提高变压器的效率和减小电网供应滞后性无功功率的负担，一般将 x_m 设计得较大。因此，空载运行时，变压器相当于一个带铁芯的电感线圈，功率因数较低。

【例 1-2】 一台三相变压器，$S_N = 800 \text{kV} \cdot \text{A}$，$U_{1N}/U_{2N} = 10000/400 \text{V}$，(Y, d) 接法，原绕组每相电阻 $r_1 = 0.85\Omega$，$x_1 = 3.55\Omega$，励磁阻抗 $r_m = 201.98\Omega$，$x_m = 2211.34\Omega$，试求：

（1）原、副边额定电流 I_{1N}、I_{2N}；

（2）变压器变比 k；

（3）空载电流 I_0 占原边额定电流 I_{1N} 的百分比；

（4）原边相电压、相电动势及空载时漏抗压降，并比较三者的大小。

解：

（1）
$$I_{1N} = \frac{S_N}{\sqrt{3}U_{1N}} = \frac{800 \times 10^3}{\sqrt{3} \times 10000} = 46.2\text{A}$$

$$I_{2N} = \frac{S_N}{\sqrt{3}U_{2N}} = \frac{800 \times 10^3}{\sqrt{3} \times 400} = 1154.7\text{A}$$

（2）
$$k = \frac{U_{1N}/\sqrt{3}}{U_{2N}} = \frac{10000/\sqrt{3}}{400} = 14.4$$

（3）
$$I_0 = \frac{U_{1N}/\sqrt{3}}{\sqrt{(r_1+r_m)^2 + (x_1+x_m)^2}} = \frac{10000/\sqrt{3}}{\sqrt{(0.85+201.98)^2 + (3.55+2211.34)^2}} = 2.6\text{A}$$

$$\frac{I_0}{I_{1N}} \times 100\% = (2.6/46.2) \times 100\% = 5.6\%$$

（4）原边相电压：$U_1 = \dfrac{U_{1N}}{\sqrt{3}} = \dfrac{10000}{\sqrt{3}} = 5773.5\text{V}$

原边相电动势：$E_1 = I_0 Z_m = 2.6 \times \sqrt{201.98^2 + 2211.34^2} = 5773.4\text{V}$

原边每相漏抗压降：$I_0 Z_1 = 2.6 \times \sqrt{0.85^2 + 3.55^2} = 9.5\text{V}$

三者大小比较：$I_0 Z_1 \ll E_1 \approx U_1$。

1.2.2 变压器的负载运行

变压器的负载运行是指变压器一次绕组接在额定电压的交流电源上，而二次绕组接负载时的运行状态。负载阻抗 $Z_L = r_L + jx_L$，其中 r_L 是负载电阻，x_L 是负载电抗。图 1-8 为变压器负载运行的示意图。

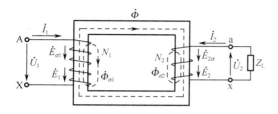

图 1-8　变压器负载运行示意图

1. 变压器负载运行时的电磁关系

由上节分析可知，变压器空载运行时，二次绕组电流及其产生的磁通势都为零，二次绕组的存在对一次绕组没有影响。一次空载电流 $\dot{I}_0$ 产生的磁通势 $\dot{I}_0 N_1$ 即为励磁磁通势，它产生主磁通 $\dot{\Phi}$，并在一、二次绕组中感应电动势 $\dot{E}_1$、$\dot{E}_2$。

当变压器负载时，二次绕组在 $\dot{E}_2$ 作用下有 $\dot{I}_2$ 流过，产生二次绕组磁通势 $\dot{F}_2 = \dot{I}_2 N_2$，与一次绕组磁通势共同作用在变压器的主磁路上。$\dot{I}_2$ 的出现使 $\dot{\Phi}$ 趋于改变，随之 $\dot{E}_1$、$\dot{E}_2$ 也将趋于改变，从而打破空载时的磁通势平衡关系。但是，由于电源电压 U_1 为常值，而 $\dot{U}_1 \approx -\dot{E}_1 = j4.44 f N_1 \dot{\Phi}_m$，相应的 $\dot{\Phi}$ 也应维持不变。为维持 $\dot{\Phi}$ 基本不变，负载运行时铁芯内主磁通 $\dot{\Phi}$ 将由一次绕组磁通势 $\dot{I}_1 N_1$ 和二次绕组的磁通势 $\dot{I}_2 N_2$ 共同作用产生，故磁通势平衡方程式为

$$\dot{I}_1 N_1 + \dot{I}_2 N_2 = \dot{I}_0 N_1 \tag{1-15}$$

2. 变压器负载运行时的基本方程式

（1）原、副边电流关系

由于变压器 $\dot{F}_0$ 很小，可忽略不计，因此式（1-15）可变化为

$$\dot{I}_1 N_1 = -\dot{I}_2 N_2$$

$$\dot{I}_1 = -\frac{\dot{I}_2 N_2}{N_1} = -\frac{\dot{I}_2}{\dfrac{N_1}{N_2}} = -\frac{\dot{I}_2}{k} \tag{1-16}$$

即

$$\frac{N_1}{N_2} = \frac{I_2}{I_1} = k$$

说明：变压器中匝数与电流成反比，变压器不但具有变压作用，还具有变流作用。

（2）电压平衡方程式

① 一次回路电压平衡方程式。

由于变压器负载与空载时主磁通 $\dot{\Phi}$ 基本不变，使一、二次绕组中感应电动势 $\dot{E}_1$、$\dot{E}_2$ 基本不变，但由于一、二次的电流变化，相应的一次绕组漏感电动势为 $\dot{E}_{\sigma1} = -j\dot{I}_1 x_1$。同样的方法，二次绕组漏感电动势为 $\dot{E}_{\sigma2} = -j\dot{I}_2 x_2$。按图 1-8 所规定的各物理量的正方向，运用基尔霍夫定律，可得

$$\dot{U}_1 = -\dot{E}_1 - \dot{E}_{\sigma1} + \dot{I}_1 r_1 = -\dot{E}_1 + j\dot{I}_1 x_1 + \dot{I}_1 r_1 = -\dot{E}_1 + \dot{I}_1 Z_1 \tag{1-17}$$

② 二次回路电压平衡方程式。

$$\dot{U}_2 = \dot{E}_2 + \dot{E}_{\sigma2} - \dot{I}_2 r_2 = \dot{E}_2 - j\dot{I}_2 x_2 - \dot{I}_2 r_2 = \dot{E}_2 - \dot{I}_2 Z_2 \tag{1-18}$$

式中，$Z_2 = r_2 + jx_2$ 为二次绕组漏阻抗，单位为 Ω。

从负载上看，二次绕组输出电压与负载阻抗压降相平衡，即

$$\dot{U}_2 = \dot{I}_2 Z_L \tag{1-19}$$

综合前面推导各电磁量的关系，可得变压器负载时的基本方程式为

$$\begin{aligned} \dot{U}_1 &= -\dot{E}_1 + \dot{I}_1 Z_1 & \dot{U}_2 &= \dot{E}_2 - \dot{I}_2 Z_2 \\ \frac{\dot{E}_1}{\dot{E}_2} &= k & \dot{I}_1 + \frac{\dot{I}_2}{k} &= \dot{I}_0 \\ \dot{I}_0 &= \frac{-\dot{E}_1}{Z_m} & \dot{U}_2 &= \dot{I}_2 Z_L \end{aligned} \tag{1-20}$$

3. 变压器负载时的等效电路

在对变压器进行定量计算时，可以对基本方程式（1-20）联列求解，但联列复数方程的求解是相当繁杂的，因此为了方便计算，引入折算法。变压器折算的目的：简化定量计算，求出变压器一、二次绕组之间只有电的联系的等效电路。

变压器折算前、后磁通势平衡关系、各种能量关系均应保持不变。

（1）二次绕组折算后的基本方程式

二次绕组折算后，变压器一次侧量为实际值，二次侧量为折合值（具体计算过程参见其他参考书，在此不再赘述），基本方程式为

$$\begin{aligned} \dot{U}_1 &= -\dot{E}_1 + \dot{I}_1 Z_1 & \dot{U}_2' &= \dot{E}_2' - \dot{I}_2' Z_2' \\ \dot{E}_1 &= \dot{E}_2' & \dot{I}_1 + \dot{I}_2' &= \dot{I}_0 \end{aligned}$$

$$\dot{I}_0 = \frac{-\dot{E}_1}{Z_m} \qquad \dot{U}_2' = \dot{I}_2' Z_L' \qquad (1\text{-}21)$$

（2）等效电路

① T 形等效电路。

根据方程式（1-21），得出变压器在负载运行时的 T 形等效电路，如图 1-9 所示。

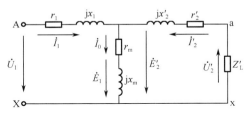

图 1-9　变压器 T 形等效电路

② 简化等效电路。

在实际的电力变压器中，由于 $I_0 \ll I_1$，当忽略 I_0 时，励磁支路可忽略，从而得到一个简化的电路，称为简化等效电路，如图 1-10（a）所示。

如果

$$Z_k = r_k + jx_k = Z_1 + Z_2' = (r_1 + r_2') + j(x_1 + x_2') \qquad (1\text{-}22)$$

式中，Z_k、r_k、x_k 分别为短路阻抗、短路电阻和短路电抗，它们统称为变压器的短路参数。简化等效电路也可表示为图 1-10（b）。

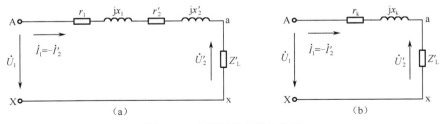

图 1-10　变压器简化等效电路

（3）变压器的阻抗变换

变压器在变换电压和电流的同时，由于阻抗 $Z = \dfrac{U}{I}$，因此还具有阻抗变换的作用。

如图 1-8 中，当在变压器二次绕组上接负载 Z_L 后，则从一次绕组看

$$Z_L' = \frac{U_1}{I_1} = \frac{kU_2}{\dfrac{I_2}{k}} = k^2 \frac{U_2}{I_2} = k^2 Z_L \qquad (1\text{-}23)$$

式中，Z_L' 相当于直接接在一次绕组上的等效阻抗，换句话说，负载阻抗通过变压器接电源时，相当于把阻抗增加 k^2 倍。

实验 2：变压器的空载实验和短路实验

要想利用等值电路对变压器的运行性能进行分析，就需要预先知道等值电路的参数。变压器参数的确定，在设计时是根据材料及结构尺寸计算出来的，而对于已经制成的变压器，则是用空载实验和短路实验来测定的。

1. 变压器的空载实验

（1）实验目的

空载实验的主要目的是测定变压器空载电流 I_0、空载损耗 p_0，求变压器的变比 k 和励磁参数 $Z_m = r_m + jx_m$。

（2）实验方法

空载实验可在高、低压任何一边加压进行，但为了便于测量和安全起见，常在低压边加压，高压边开路。实验接线如图 1-11 所示。

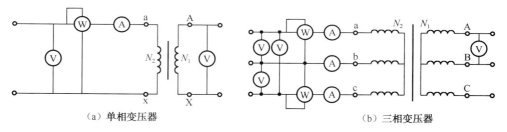

（a）单相变压器　　　　　　　　　　（b）三相变压器

图 1-11　变压器空载实验接线图

实验时，在低压绕组 ax 上加电压 U_{2N}，高压绕组 AX 开路，测量空载电流 I_{20}、输入功率 p_0 和开路电压 U_{10}。

（3）参数计算

因变压器空载时无功率输出，所以输入的功率全部消耗在变压器内部，为铁芯损耗 p_{Fe} 和空载铜耗 $p_{Cu} = I_{20}^2 r_2$ 之和，但空载电流 I_{20} 很小，$p_{Fe} \gg p_{Cu}$，故可以忽略空载铜耗，认为 $p_0 \approx p_{Fe} = I_{20}^2 r_m$。根据测得的空载实验数据可计算单相变压器的参数。

① 变比。

$$k = \frac{N_2}{N_1} = \frac{U_{2N}}{U_{10}} \tag{1-24}$$

② 励磁阻抗。

$$Z_m = \frac{U_{2N}}{I_{20}} \tag{1-25}$$

③ 励磁电阻。

$$r_m = \frac{p_0}{I_{20}^2} \tag{1-26}$$

④ 励磁电抗。

$$x_m = \sqrt{Z_m^2 - r_m^2} \tag{1-27}$$

空载实验无论在哪侧（高压侧或低压侧）做，计算的结果都是一样的。但要注意一点，在低压侧加电压做空载实验时，求得的励磁参数为低压侧的数值，如果需要高压侧的参数，应进行折算，即各计算值应乘以 k^2。对于三相变压器，由于励磁参数是指每一相的，故在计算时应根据变压器绕组接法，将线电压、线电流和三相功率换算成相电压、相电流和单相功率，再进行计算。

2. 变压器的短路实验

（1）实验目的

短路实验的目的是测定变压器的短路电压 U_k、短路电流 I_k 和短路损耗 p_k，求出变压器的短路参数 $Z_k = r_k + jx_k$。

（2）实验方法

短路实验可在任意一侧加压进行，但因短路电流较大，所以加压很低，因此一般在高压侧加压，低压侧用导线短接。实验接线如图 1-12 所示。

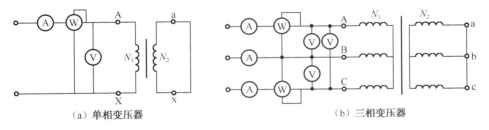

图 1-12 变压器短路实验接线图

实验时，在高压绕组 AX 上加电压，低压绕组 ax 短路，使 $I_k = I_{1N}$，测量 I_k、U_k 和 p_k。

（3）参数计算

短路实验时，变压器低压侧无功率输出，输入功率全部消耗在内部，当绕组中短路电流为额定值时，高压侧所加的电压很低，主磁通比正常运行时小很多，铁芯损耗 p_{Fe} 与铜损 p_{Cu} 相比可忽略，短路损耗主要是高、低压侧的铜损，即 $p_k \approx p_{Cu} = p_{Cu1} + p_{Cu2}$。根据测得的短路实验数据可计算单相变压器的参数。

① 短路阻抗。

$$Z_k = \frac{U_k}{I_k} \tag{1-28}$$

② 短路电阻。

$$r_k = \frac{p_k}{I_k^2} \tag{1-29}$$

③ 短路电抗。

$$x_k = \sqrt{Z_k^2 - r_k^2} \tag{1-30}$$

因为电阻值的大小随温度的变化而变化，实验时室温和变压器实际运行时的温度不一定相同。按我国国家标准规定，测出的电阻值应换算到电力变压器标准工作温度 75℃ 时的数值。

对正常设计的变压器绕组，可以近似认为

$$r_1 \approx r_2' \approx \frac{r_k}{2}, \qquad x_1 \approx x_2' \approx \frac{x_k}{2} \tag{1-31}$$

对于铜线电阻，其换算公式为

$$\begin{cases} r_{k75℃} = r_{k\theta} \dfrac{234.5 + 75}{234.5 + \theta} \\ Z_{k75℃} = \sqrt{r_{k75℃}^2 + x_k^2} \end{cases} \tag{1-32}$$

式中，θ 为实验时的室温，单位为℃。

铝线电阻的换算，将式（1-32）中常数 234.5 改为 228 即可。

由于短路实验是在高压侧进行的，因此所得参数是折算到高压侧的数值。如果需要获得低压侧的数值，还需要将计算所得的数值进行折算变换。三相变压器应注意用相值计算，所得的参数也是每相值。

短路实验中，高压侧电流达到额定值时，加在原绕组的电压是 $U_k = I_{1N} Z_{k75℃}$，U_k 称为变压器的阻抗电压，可用原边额定电压的百分数表示，即

$$U_k\% = \frac{U_k}{U_{1N}} \times 100\% = \frac{I_{1N} Z_{k75℃}}{U_{1N}} \times 100\%$$

一般中小型变压器 $U_k\% \approx (4 \sim 10.5)\% U_{1N}$，大型变压器 $U_k\% \approx (12.5 \sim 17.5)\% U_{1N}$。短路阻抗电压 $U_k\%$ 是变压器一个十分重要的参数，常标在变压器铭牌上。

任务 1.3　变压器运行特性测试

任务导入

要正确地使用变压器，还应该知道变压器的运行特性。通过完成本次变压器运行特性测试的任务，应能够达到掌握变压器外特性和效率特性的目的。

知识准备

变压器的运行特性包含两个方面：

（1）外特性。即一次绕组施加额定电压，负载的功率因数保持不变，二次绕组端电压随负载电流变化的规律：$U_2 = f(I_2)$。

（2）效率特性。即变压器效率随负载变化的关系：$\eta = f(I_2)$。

1.3.1 变压器的电压变化率和外特性

1. 电压变化率（电压调整率）

当变压器一次绕组接于具有额定电压的电源 $U_1 = U_{1N}$，二次绕组开路 $I_2 = 0$ 时，二次端电压为额定电压 $U_2 = U_{20} = U_{2N}$。变压器带上负载以后，即使保持一次电压不变，由于变压器内阻抗的存在，负载电流 I_2 流过时，必然产生内阻抗压降，引起 U_2 变化，即二次输出电压随负载变化而变化，这种变化程度可用电压变化率来表示。所谓电压变化率，是指当一次绕组加额定电压、负载功率因数一定时，变压器空载与负载时的二次端电压的差值与二次额定电压的比值。

$$\Delta U\% = \frac{\Delta U}{U_{2N}} \times 100\% = \frac{U_{20} - U_2}{U_{2N}} \times 100\% = \frac{U_{2N} - U_2}{U_{2N}} \times 100\% \tag{1-33}$$

实际中，U_{20} 与 U_2 相差很小，所以测量误差将影响 $\Delta U\%$ 的精确度，因此对于三相变压器可用下式来进行计算。

$$\Delta U\% = \beta \left(\frac{I_{1N\varphi} r_{k75°C} \cos\varphi_2 + I_{1N\varphi} x_k \sin\varphi_2}{U_{1N\varphi}} \right) \times 100\% \tag{1-34}$$

式中，$\beta = \frac{I_{2\varphi}}{I_{2N\varphi}} \approx \frac{I_{1\varphi}}{I_{1N\varphi}}$ 为负载系数；$I_{1N\varphi}$、$I_{2N\varphi}$ 为一、二次侧额定相电流；$U_{1N\varphi}$、$U_{2N\varphi}$ 为一、二次侧额定相电压。

2. 变压器外特性

从式（1-34）中可以看出，电压变化率的大小与三个方面有关。

（1）$\Delta U\%$ 与变压器的内阻抗 r_k、x_k 的大小有关；

（2）$\Delta U\%$ 与负载电流 I_2 大小有关，即与 β 成正比；

（3）$\Delta U\%$ 与负载的性质有关，即与负载的功率因数有关。

前一点是 U_2 变化的内因，后两点是 U_2 变化的外因。

当负载为电阻性或电感性时，电压变化率 $\Delta U\% > 0$，且电阻性负载的电压变化率小于感性负载的电压变化率；当负载为容性时，若 $|r_{k75°C} \cos\varphi_2| < |x_k \sin\varphi_2|$，使电压变化率 $\Delta U\% < 0$，外特性上扬，如图 1-13 所示。

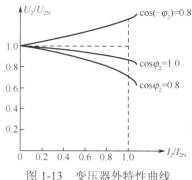

图 1-13 变压器外特性曲线

1.3.2 变压器的效率特性

1. 变压器的效率

变压器在能量传递过程中不可避免地要产生各种损耗,使输出功率 P_2 小于输入功率 P_1,变压器的输出功率 P_2 与输入功率 P_1 之比称为变压器的效率。

$$\eta = \frac{P_2}{P_1} = \frac{P_1 - \sum p}{P_1} = 1 - \frac{\sum p}{P_2 + \sum p} \tag{1-35}$$

式中,$\sum p$ 为变压器的损耗。

2. 变压器的损耗

变压器在负载运行时存在两类损耗:铁损耗 p_{Fe} 和铜损耗 p_{Cu}。

(1) 铁损耗 p_{Fe}

铁损耗 p_{Fe} 是指变压器铁芯中产生的磁滞损耗和涡流损耗之和,与一次绕组所施加的电压有关,在其不变的前提下,铁损耗 p_{Fe} 为一常数,称为不变损耗。由于变压器一次绕组所加的电压为额定电压,其铁损耗 p_{Fe} 可认为与空载时所测的空载损耗相等。

$$p_{Fe} \approx p_0 \tag{1-36}$$

(2) 铜损耗 p_{Cu}

铜损耗 p_{Cu} 是指变压器电流 I_1、I_2 分别流过一、二次绕组 r_1、r_2 时所产生的损耗 p_{Cu1} 和 p_{Cu2} 之和,当忽略 I_0 时,$I_2' = I_1$,可得任一负载时的铜损耗为

$$p_{Cu} = I_1^2 r_1 + I_2'^2 r_2' = (I_1/I_{1N})^2 I_{1N}^2 r_k = \beta^2 p_k \tag{1-37}$$

通过短路实验可求得额定电流时的铜损耗($p_{CuN} = p_k$),不同负载时的铜损耗 p_{Cu} 与负载系数 β^2 成正比。可见,铜损耗与一、二次绕组电流的平方成正比,即随负载变化而变化,故称为可变损耗。

3. 变压器效率特性

二次绕组输出的有功功率 P_2 的计算如下。

单相变压器：$P_2 = U_2 I_2 \cos\varphi_2 \approx U_{2N} \beta I_{2N} \cos\varphi_2 = \beta S_N \cos\varphi_2$

三相变压器：$P_2 \approx \sqrt{3} U_{2N} \beta I_{2N} \cos\varphi_2 = \beta S_N \cos\varphi_2$

总损耗包括铁损耗和铜损耗，即 $\sum p = p_{Fe} + p_{Cu}$。

因此，效率计算公式为

$$\eta = 1 - \frac{p_0 + \beta^2 p_k}{\beta S_N \cos\varphi_2 + p_0 + \beta^2 p_k} \tag{1-38}$$

式（1-38）表明，变压器的效率与负载的大小及功率因数有关。

当 $\cos\varphi_2$ 为一定值时，变压器的效率与负载系数的关系 $\eta = f(\beta)$ 称为效率特性。变压器的效率特性曲线 $\eta = f(\beta)$ 如图 1-14 所示。

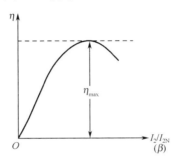

图 1-14 变压器的效率特性曲线

从效率特性曲线可以看出，变压器空载时，输出功率为零，效率也是零。负载比较小时，空载损耗 p_0 占输入功率的比例较大，η 较低。随着负载增加，p_{Cu} 增加，但此时 β 较小，p_{Cu} 较小，p_{Fe} 相对较大，因此，总损耗虽然随 β 增大而增加，但是没有 P_2 增加得快，所以，η 是随负载增大而增大的。当 p_{Cu} 增加到与 p_{Fe} 近似相等时，η 达到最大值，此时的负载系数称为 β_m。当 $\beta > \beta_m$ 后，p_{Cu} 占总损耗中的主要部分，而且由于 $p_{Cu} \propto I_1^2 \propto \beta^2$，而 $P_2 \propto I_1 \propto \beta$，因此，随 β 的增大 η 反而减小。

将式（1-38）对 β 求导数，并令其为零，可解出变压器的效率达到最大值的条件是可变损耗等于不变损耗，即

$$p_{Fe} = p_0 = p_{Cu} = \beta_m^2 p_k \tag{1-39}$$

由式（1-39）可求得变压器以最大效率 η_{max} 运行时的负载系数 β_m 为

$$\beta_m = \sqrt{\frac{p_0}{p_k}} \tag{1-40}$$

由于变压器长期接在电网上，铁损耗总是存在的，而铜损耗却是随负载变化的，不可能时刻都满载运行，因此设计时铁损耗应相对小一些，一般 β 为 0.5~0.6。

在实际工作中，为了提高变压器的运行效率，需要根据负载情况控制投入运行的变压器台数，使变压器在较高效率下运行。

任务实施

实验 3：变压器的外特性和效率特性测量实验

1. 实验目的

通过负载实验，测出变压器的外特性和效率特性。

2. 实验步骤

实验线路如图 1-15 所示。变压器低压线圈接电源，高压线圈经过开关 S_1 和 S_2，接到负载电阻 R_L 和电抗 X_L 上。R_L 选用可调电阻，X_L 选用可调电感。

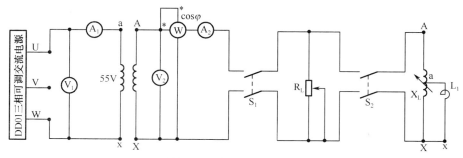

图 1-15 负载实验接线图

（1）纯电阻负载。

① 将调压器旋钮调到输出电压为零的位置，S_1、S_2 打开，负载电阻值调到最大。

② 接通交流电源，逐渐升高电源电压，使变压器输入电压 $U_1=U_{1N}$。

③ 保持 $U_1=U_{1N}$，合上 S_1，逐渐增加负载电流，即减小负载电阻 R_L 的值，从空载到额定负载的范围内，测出变压器的输出电压 U_2 和电流 I_2。

④ 测取数据时，$I_2=0$ 和 $I_2=I_{2N}$ 必测，共取数据 6~7 组，记录于表 1-3 中。

表 1-3 变压器外特性测试数据（$\cos\varphi_2=1$，$U_1=U_{1N}=$ V）

序　　号						
U_2（V）						
I_2（A）						

（2）阻感性负载（$\cos\varphi_2=0.8$）。

① 用电抗器 X_L 和 R_L 并联作为变压器的负载，S_1、S_2 打开，电阻及电抗值调至最大。

② 接通交流电源，升高电源电压至 $U_1=U_{1N}$。

③ 合上 S_1、S_2，在保持电压 $U_1=U_{1N}$ 及 $\cos\varphi_2=0.8$ 的条件下，逐渐增加负载电流，从

空载到额定负载的范围内,测出变压器输出电压 U_2 和电流 I_2。

④ 测取数据时,$I_2=0$ 和 $I_2=I_{2N}$ 必测,共测取数据 6~7 组记录于表 1-4 中。

表 1-4　变压器外特性测试数据（$\cos\varphi_2$=0.8,$U_1=U_{1N}=$　　　V）

序　号							
U_2（V）							
I_2（A）							

（3）由上述数据绘出变压器外特性曲线。

（4）绘制变压器的效率特性曲线。

① 用间接法算出 $\cos\varphi_2$=0.8,不同负载电流时的变压器效率 η,记录于表 1-5 中。

$$\eta = (1 - \frac{P_0 + \beta^2 P_{KN}}{\beta S_N \cos\varphi_2 + P_0 + \beta^2 P_{KN}}) \times 100\%$$

式中,$\beta S_N \cos\varphi_2 = P_2$（W）,$P_{KN}$ 为变压器 $I_2=I_{2N}$ 时的短路损耗（W）,P_0 为变压器 $U_1=U_{1N}$ 时的空载损耗（W）,$\beta = I_2/I_{2N}$ 为负载系数。

表 1-5　变压器效率特性测试数据（$\cos\varphi_2$=0.8,P_0=＿＿W,P_{KN}=＿＿＿W）

β	P_2（W）	η
0.2		
0.4		
0.6		
0.8		
1.0		
1.2		

② 由计算数据绘出变压器的效率曲线 $\eta=f(\beta)$。

③ 计算变压器 $\eta=\eta_{max}$ 时的负载系数 β_m。

$$\beta_m = \sqrt{\frac{P_0}{P_{KN}}}$$

任务 1.4　变压器的连接组别的判定

任务导入

三相变压器一、二次绕组不同的连接组别,导致一、二次绕组相应的电动势（线电压）的相位差不同,这是三相变压器并联运行必不可少的条件之一。而单相变压器的连接组别是三相变压器连接组的基础。

知识准备

1.4.1 变压器绕组的同名端

因为变压器的一、二次绕组在同一铁芯上，都被磁通 Φ 交链，故当磁通交变时，在两个绕组中感应出的电动势有一定的方向关系，即当一次绕组的某一端点瞬时电位为正时，二次绕组上也必有一电位为正的对应端点。这两个对应的端点称为同名端或同极性端，通常用标记"·"表示。如图 1-16（a）中画出了套在同一铁芯上的两个绕组，他们的出线端分别为 1、2 和 3、4。当磁通瞬时值在图示箭头方向上增加时，根据楞次定律，两绕组中感应电动势的瞬时实际方向是从 2 指向 1，从 4 指向 3，可见，1 和 3 为同名端（同极性端），2 和 4 为同名端，可以在 1 和 3 两端打上"·"作为标记。图 1-16（b）中的两个绕组，由于绕向不同，1 和 4 为同名端（同极性端）。

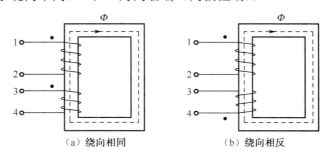

图 1-16 变压器绕组同名端

1.4.2 单相变压器的连接组别

标记单相变压器高、低压绕组的相位关系，国际上通常采用时钟表示法。高压绕组首端标记为 A、末端标记为 X，低压绕组首端标记为 a、末端标记为 x。可以同名端标为 A 和 a，也可以把异名端标为 A 和 a。各绕组电动势参考方向都统一规定为首端指向末端（当然也可以用电压来表示），高压绕组电动势即从 A 到 X 为 $\dot{E}_{AX}$，低压绕组电动势即从 a 到 x 为 $\dot{E}_{ax}$，为了方便，分别用 $\dot{E}_A$ 和 $\dot{E}_a$ 来表示。

高、低压绕组的感应电动势 $\dot{E}_A$ 和 $\dot{E}_a$ 可以同相也可以反相，取决于它们的绕向及如何标记首、末端。若高、低压绕组的首端 A 和 a 标为同名端，则高、低压绕组的感应电动势 $\dot{E}_A$ 和 $\dot{E}_a$ 相位相同，如图 1-17（a）和（d）所示；若高、低压绕组的首端 A 和 a 标为异名端，则高、低压绕组的感应电动势 $\dot{E}_A$ 和 $\dot{E}_a$ 相位相反，如图 1-17（b）和（c）所示。

所谓时钟表示法，就是把电动势相量图中的高压绕组电动势 $\dot{E}_A$ 看做时钟的长针，永

远指向钟面上的"12",低压绕组电动势 $\dot{E}_a$ 看做时钟的短针,短针指向钟面上的哪个数字,该数字就为变压器连接组别的标号。若它指向钟面上的"12",该单相变压器连接组别标号为"0";若 $\dot{E}_a$ 指向"6",连接组别标号为"6"。罗马数字"I"表示高、低压边都是单相。图 1-17(a)和(d)所示的单相变压器连接组别的标号是"0"($\dot{E}_A$ 和 $\dot{E}_a$ 都指向 12 点,其相位差是零),用(I,I0)表示。图 1-17(b)和(c)所示的单相变压器连接组别的标号是"6"($\dot{E}_A$ 指向 12 点,$\dot{E}_a$ 指向 6 点,其相位差是180°),用(I,I6)表示。由于单相变压器只有相电势的相位关系,所以单相变压器的连接组别只有(I,I0)和(I,I6)两种。

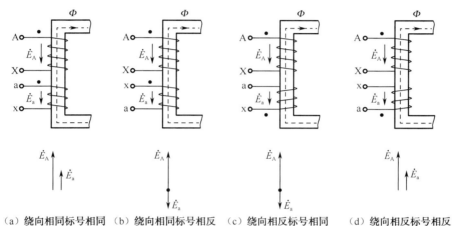

(a) 绕向相同标号相同　(b) 绕向相同标号相反　(c) 绕向相反标号相同　(d) 绕向相反标号相反

图 1-17　高、低压绕组标号及电动势相位关系

1.4.3　三相变压器的连接

三相变压器的高压绕组首端标以 A、B、C,末端标以 X、Y、Z;而低压绕组首端标以 a、b、c,末端标以 x、y、z。这些标记都注明在变压器出线套管上,它涉及变压器的相序和高、低压绕组的相位关系,是不允许任意改变的。

三相变压器与单相变压器不同,除了相电势的相位关系外,还有线电势的相位关系;高、低压绕组线电势之间的相位关系,除了决定于高、低压绕组的绕向及标记方法外,还决定于三相绕组的连接方式。

三相变压器高、低压各有三个绕组,不论高压绕组还是低压绕组,最常用的接线方式有两种:星形接法 Y(y)和三角形接法 D(d)。同一铁芯柱上的高、低压绕组,可以绕向相同或不同,可以是同相的或不同相的。

1. 星形接法(Y)

星形连接法是将三相绕组的末端 X、Y、Z(或 x、y、z)连接在一起作为中点,用 N(或 n)表示;当有中点引出线时,用 YN(或 yn)表示,只把三个首端 A、B、C(或 a、b、c)引出,如图 1-18(a)所示。

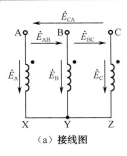 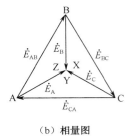

(a) 接线图　　　　　　　　　(b) 相量图

图 1-18　Y 接法的接线图和相量图

三相相电动势互差120°电角度，排列顺序从左至右为 A、B、C（a、b、c），对应的相电动势和线电动势相量如图 1-18（b）所示。

相电动势：
$$\dot{E}_A = E\angle 0°$$
$$\dot{E}_B = E\angle -120°$$
$$\dot{E}_C = E\angle -240°$$

线电动势：
$$\dot{E}_{AB} = \dot{E}_A - \dot{E}_B$$
$$\dot{E}_{BC} = \dot{E}_B - \dot{E}_C$$
$$\dot{E}_{CA} = \dot{E}_C - \dot{E}_A$$

2．三角形接法（△）

三角形连接法将三相绕组的首、末段依次相接构成闭合回路，再从三个连接点引出端线与外电路连接。三角形接法又分为正相序三角形接法和负相序三角形接法。

（1）负相序三角形接法

负相序三角形接法如图 1-19（a）所示，接线顺序：AX（ax）→CZ（cz）→BY（by）→A，对应的相电动势和线电动势相量如图 1-19（b）所示。

线电势与相电势的关系：
$$\dot{E}_{AB} = -\dot{E}_B$$
$$\dot{E}_{BC} = -\dot{E}_C$$
$$\dot{E}_{CA} = -\dot{E}_A$$

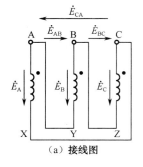 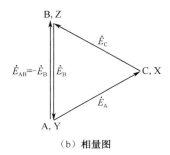

(a) 接线图　　　　　　　　　(b) 相量图

图 1-19　负相序三角形接法的接线图和相量图

（2）正相序三角形接法

正相序三角形接法如图 1-20（a）所示，接线顺序： AX（ax）→BY（by）→CZ（cz）→A，对应的相电动势和线电动势相量如图 1-20（b）所示。

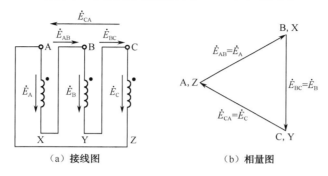

（a）接线图　　　　　　　　（b）相量图

图 1-20　正相序三角形接法的接线图和相量图

线电势与相电势的关系：
$$\dot{E}_{AB} = \dot{E}_A$$
$$\dot{E}_{BC} = \dot{E}_B$$
$$\dot{E}_{CA} = \dot{E}_C$$

任务实施

实验 4：变压器的连接组别判定实验

1. 三相变压器的连接组别

对于三相变压器，连接组别是指高、低压绕组对应的线电动势（线电压）之间的相位差，如 $\dot{E}_{AB}$ 与 $\dot{E}_{ab}$ 之间的相位差。不论高、低压侧的三相绕组是星形连接还是三角形连接，低压侧与高压侧对应的线电动势之间的相位差总是 30°的整数倍。因此，三相变压器高、低压绕组对应的线电动势的相位关系仍用时钟法表示，即 $\dot{E}_{AB}$、$\dot{E}_{ab}$ 分别用时钟的长针和短针表示，长针永远指向钟面上的"12"，短针指向钟面上的哪个数字，该数字就为变压器连接组的标号。

连接组标号的书写形式：用大、小写英文字母 Y 或 y 分别表示高、低压绕组星形连接；D 或 d 分别表示高、低压绕组三角形连接；在英文字母后边写出时钟序数。确定三相变压器连接组标号的具体步骤：

① 在绕组连接图上标出高、低压各个绕组的相电动势与线电动势。
② 按照高压绕组连接方式，首先画出高压绕组电动势相量图。
③ 根据同一铁芯柱上的高、低压绕组的相位关系，先确定低压绕组的相电动势相位；

然后按照低压绕组的接线方式，画出低压绕组电动势相量图（注意，将 A 和 a 重合）。

④ 由高、低压绕组电动势相量图中 $\dot{E}_{AB}$ 与 $\dot{E}_{ab}$ 的相位关系，根据时钟表示法的规定来确定连接组标号。

（1）（Y，y）连接组

连接组（Y，y0）接线图和相量图如图 1-21 所示。

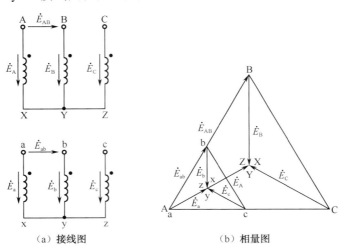

（a）接线图　　　　　　　　（b）相量图

图 1-21　连接组（Y，y0）

（2）（Y，d）连接组

连接组（Y，d1）接线图和相量图如图 1-22 所示。

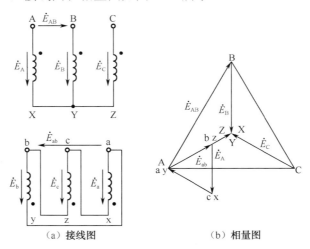

（a）接线图　　　　　　　　（b）相量图

图 1-22　连接组（Y，d1）

2. 三相变压器的标准连接组

三相变压器的连接组很多，为了制造和使用的方便，国家规定单相双绕组电力变压器只有一个标准连接组别，为（I，I0）；三相双绕组电力变压器的标准连接组有 5 个组别，为（Y，yn0）、（YN，y0）、（y，y0）、（Y，d11）、（YN，d11）。

（Y，yn0）主要用做配电变压器，其二次侧有中线引出作为三相四线制供电，既可用于照明负载，也可用于动力负载，这种变压器高压侧电压一般不超过35kV，低压侧电压为400V（单相为230V）。

（YN，y0）主要应用于一次侧中性点需接地的变压器中。

（y，y0）一般用于三相动力负载的配电变压器。

（Y，d11）主要用于容量较大、二次额定电压超过400V的线路中。

（YN，d11）一般用在110kV以上的高压输电线路上，其高压侧可以通过中性点接地。

知识拓展

除了前面的普通电力变压器之外，电力拖动系统中还经常使用一些特殊的变压器，如自耦变压器、电压和电流互感器等。这些变压器的原理与普通的双绕组变压器无本质区别，但考虑到运行条件的不同，其电磁过程又具有各自的特点。因此这里介绍这些特殊变压器的工作原理及使用过程中的注意点。

1. 仪用变压器

要做一个直接测量大电流、高电压的仪表是很困难的，操作起来也是十分危险的。利用变压器能改变电压和电流的功能，制造出特殊的变压器——仪用变压器（或称互感器）。把高电压变成低电压，就是电压互感器；把大电流变成小电流，就是电流互感器。使用仪用互感器的目的有：

（1）使测量仪表与高电压、大电流隔离，从而保证仪表和人身的安全；

（2）可大大减少测量中能量的损耗，扩大仪表的测量范围，便于仪表的标准化；

（3）广泛应用于交流电压、电流、功率的测量中，以及各种继电保护和控制电路中。

1）电流互感器

图1-23所示为电流互感器的示意图。其一次绕组串联在被测的大电流电路中，N_1匝数极少，通常只有几匝甚至只有半匝，导线都很粗；二次绕组N_2匝数很多，与电流表或功率表的电流线圈串联成为闭合电路。由于这些线圈的阻抗都很小，所以二次侧近似于短路状态，因此，电流互感器运行时相当于一台短路运行的升压变压器。若忽略励磁电流，则一、二次电流之比为

$$\frac{I_1}{I_2} \approx \frac{N_2}{N_1} = k_i \qquad (1\text{-}41)$$

式中，k_i是电流互感器的变流比。

通过选择适当的匝数比，可以把大电流变换为小电流。

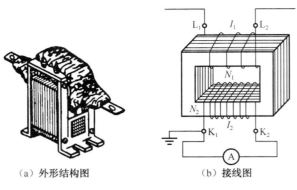

（a）外形结构图　　　（b）接线图

图 1-23　电流互感器

使用电流互感器时，需注意以下 3 点：

（1）二次测绝对不允许开路。因为二次侧开路时，电流互感器处于空载运行状态，此时一次侧中被测线路电流全部为励磁电流，使铁芯中磁通密度明显增大。一方面使铁损耗急剧增加，铁芯过热甚至烧坏绕组；另一方面将使二次侧感应出很高的电压，不但使绝缘击穿，而且危及工作人员和其他设备的安全。因此在一次电路工作时如需检修和拆换电流表或功率表的电流线圈，必须先将互感器二次侧短路。

（2）为了使用安全，电流互感器的二次绕组一端必须可靠接地，以防止绝缘击穿后，电力系统的高电压传到低压侧，危及二次设备及操作人员的安全。

（3）电流互感器有一定的额定容量，二次侧回路串入的阻抗值不超过有关技术标准的规定，也就是说，使用时二次侧不宜接过多的仪表，以免影响互感器的准确度。

2）电压互感器

图 1-25 所示为电压互感器的示意图。其一次绕组 N_1 匝数多，导线细，并联于被测线路中；二次绕组 N_2 匝数少，导线粗，首、末两端接电压表。测量仪表的电压线圈内阻抗很大，因此，电压互感器相当于一台空载（开路）运行的降压变压器。若忽略漏阻抗压降，则一、二次电压之比为

$$\frac{U_1}{U_2} \approx \frac{N_1}{N_2} = k_u \tag{1-42}$$

式中，k_u 是电压互感器的变压比。

通过选择适当的匝数比，可以把高电压变换为低电压。

使用电压互感器时，需注意以下 3 点：

（1）使用时电压互感器的二次侧不允许短路。电压互感器正常运行时接近空载，如二次侧短路，则会产生很大的短路电流，绕组将因过热而烧毁。

（2）为安全起见，电压互感器的二次绕组一端连同铁芯一起，必须可靠接地。

（3）电压互感器有一定的额定容量，二次回路串接的阻抗不能太小，使用时二次侧不宜接过多的仪表，以免影响互感器的准确度。

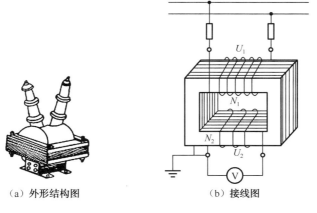

（a）外形结构图　　　　　（b）接线图

图 1-24　电压互感器

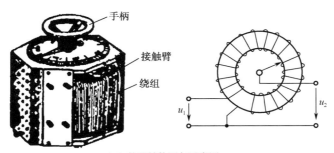

（a）外形结构图与示意图

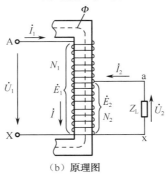

（b）原理图

图 1-25　自耦变压器

2. 自耦变压器

1）自耦变压器的特点

普通双绕组变压器一、二次绕组是相互绝缘的，一、二次绕组之间只有磁的耦合，而无电的直接联系。自耦变压器的实质就是将普通双绕组变压器的一、二次绕组串联作为自耦变压器一次绕组 N_1，一次绕组的一部分作为二次绕组 N_2，N_2 又称为公共绕组，如图 1-26 所示。可见，自耦变压器的特点：一、二次绕组之间既有磁的耦合，又有电的直接联系。

2）自耦变压器工作原理

（1）电压关系

与双绕组变压器一样，当在一次侧加电压时，有主磁通和漏磁通产生，主磁通在一、二次绕组中产生感应电动势 $\dot{E}_1$、$\dot{E}_2$，如果忽略漏阻抗压降，则一、二次侧的电压关系为

$$\frac{U_1}{U_2} \approx \frac{E_1}{E_2} = \frac{N_1}{N_2} = k_A \qquad (1\text{-}43)$$

式中，k_A 是自耦变压器的变比。

（2）电流关系

绕组公共部分电流 $\dot{I}$ 为

$$\dot{I} = \dot{I}_1 + \dot{I}_2 \qquad (1\text{-}44)$$

忽略励磁电流时，由磁通势平衡关系，可得

$$\dot{I}_1 N_1 + \dot{I}_2 N_2 \approx 0 \qquad (1\text{-}45)$$

则有

$$\dot{I}_1 = -\frac{\dot{I}_2}{k_A} \qquad (1\text{-}46)$$

故

$$\dot{I} = \dot{I}_1 + \dot{I}_2 = (1 - \frac{1}{k_A})\dot{I}_2 \qquad (1\text{-}47)$$

可见，公共部分的电流比额定负载电流还要小。因此结合式（1-44）和式（1-46），可将式（1-47）写成标量形式为

$$I_2 = I + I_1 \qquad (1\text{-}48)$$

（3）容量关系

自耦变压器的容量是指变压器的输入容量，也等于输出容量，即

$$S = U_1 I_1 = U_2 I_2 = U_2 (I + I_1) = U_2 I + U_2 I_1 \qquad (1\text{-}49)$$

式（1-49）说明，自耦变压器的容量由两部分组成：一部分是电磁功率 $U_2 I_1$，是通过绕组 Aa 与公共绕组 ax 之间的电磁作用即磁耦合传递到负载的功率；另一部分是传导功率 $U_2 I$，是通过公共绕组 ax 的直接电传导传递到负载的功率。

3）自耦变压器的主要优、缺点（和普通双绕组变压器比较）

（1）主要优点

① 由于自耦变压器的设计容量小于额定容量，故在同样的额定容量下，自耦变压器的主要尺寸小，有效材料（硅钢片和铜线）和结构材料（钢材）都较节省，从而降低了成本。

② 有效材料的减少使铜损耗和铁损耗也相应减少，故自耦变压器的效率较高。

③ 由于自耦变压器的尺寸小，重量减轻，故便于运输和安装，占地面积也小。

（2）主要缺点

① 自耦变压器的短路阻抗值较小，因此短路电流较大。故设计时应注意绕组的机械强度，必要时可适当增大短路阻抗以限制短路电流。

② 由于一、二次绕组间有电的直接联系,运行时一、二次侧都需装设避雷器,以防高压侧产生过电压时,引起低压绕组绝缘的损坏。

③ 为防止高压侧发生单相接地,引起低压侧非接地相对地电压升得较高,造成对地绝缘击穿,自耦变压器中性点必须可靠接地。

4) 自耦变压器的用途

(1) 用于连接电压相近的电力系统;

(2) 用于鼠笼式异步电动机的降压起动;

(3) 在实验室中作为调压器使用。

思考与练习题

1.1 变压器能否能用来直接改变直流电压的大小?

1.2 额定容量为 S_N 的变压器,若采用 220kV 输电电压来输送,导线的截面积为 A(mm^2)。若采用1kV 电压输送,导线电流密度不变,导线截面积应为多大?

1.3 变压器的铁芯导磁回路中如果有空气间隙,对变压器有什么影响?

1.4 额定电压为 220/110V 的变压器,若将二次侧110V 绕组接到 220V 电源上,主磁通和励磁电流将怎样变化?若把一次侧220V 绕组错接到 220V 直流电源上,又会有什么问题?

1.5 若抽掉变压器的铁芯,一、二次绕组完全不变,行不行?为什么?

1.6 额定容量 $S_N=100kV \cdot A$,额定电压 $U_{1N}/U_{2N}=35000/400V$ 的三相变压器,求一、二次侧额定电流。

1.7 计算下列变压器的变比:

(1) 额定电压 $U_{1N}/U_{2N}=3300/220V$ 的单相变压器;

(2) 额定电压 $U_{1N}/U_{2N}=10000/400V$,(Y,y) 接法的三相变压器;

(3) 额定电压 $U_{1N}/U_{2N}=10000/400V$,(Y,d) 接法的三相变压器。

1.8 有一台型号为 S-560/10 的三相变压器,额定电压 $U_{1N}/U_{2N}=10000/400V$,(Y,Y0) 接法,供给照明用电,若白炽灯额定值是100W、220V,三相总共可接多少盏灯?

1.9 一台三相变压器 Y/Y 接,额定数据为 $S_N=200kV \cdot A$,10000/400V。一次侧接额定电压,二次侧接三相对称负载,每相负载阻抗为 $Z_L=0.96+j0.48Ω$,变压器每相短路阻抗 $Z_K=0.15+j0.35Ω$。求该变压器一次侧电流、二次侧电流、二次侧电压各为多少?输入的视在功率、有功功率和无功功率各为多少?输出的视在功率、有功功率和无功功率各为多少?

1.10 某台1000kV·A 的三相电力变压器,额定电压为 $U_{1N}/U_{2N}=10000/3300V$,Y/Δ接。短路阻抗值 $Z_K=0.015+j0.053Ω$,带三相三角形接法的对称负载,每相负载阻抗为 $Z_L=50+j85Ω$,试求一次侧电流 I_1、二次侧电流 I_2 和电压 U_2。

项目2　三相交流异步电动机参数和工作特性的测试

 知识目标

1. 掌握三相交流异步电动机的基本工作原理、结构、分类；
2. 掌握三相交流异步电动机的转差率 s、额定值、功率与转矩关系；
3. 掌握三相交流异步电动机的机械特性曲线、特点和特殊点；
4. 熟悉几种人为机械特性曲线、特点。

 技能目标

1. 掌握三相交流异步电动机的拆卸和装配步骤以及注意事项；
2. 掌握三相交流异步电动机参数的测试方法；
3. 掌握测定三相交流异步电动机工作特性的方法。

任务2.1　三相交流异步电动机的拆装

 任务导入

对于电机拖动系统的重要组成部分——三相交流电动机来说，其应用的种类繁多，但基本结构和基本原理是相似的。通过完成本次三相交流异步电动机拆装的任务，学生应能够掌握三相交流异步电动机的基本结构。

 **知识准备**

2.1.1 概述

交流旋转电动机主要分为同步电机和异步电机两类。同步电机主要用做发电机，工农业生产和日常生活中所用的交流电能几乎全是由同步发电机产生的。异步电机的定子绕组接上电源以后，由电源供给励磁电流，建立磁场，依靠电磁感应作用，使转子绕组感应电流，产生电磁转矩，以实现机电能量转换。因其转子电流是由电磁感应作用而产生的，因而也称为感应电机，是现代应用最广泛的一种交流电机。

2.1.2 异步电动机的用途和分类

1. 异步电动机的用途

异步电机主要用做电动机，其功率从几瓦到上万千瓦，是国民经济各行业和人民日常生活中应用最广泛的电动机，为多种机械设备和家用电器提供动力。如机床、中小型轧钢设备、风机、水泵、起重机、轻工机械、冶金和矿山机械，发电厂中的锅炉、汽轮机的附属设备如球磨机、空压机和天车等，大都采用三相异步电动机拖动；电风扇、洗衣机、电冰箱、空调器等家用电器中以及各种医疗机械中则广泛采用单相异步电动机。异步电机也可作为发电机，用于风力发电场和小型水电站等。

异步电动机之所以被广泛应用，是由于与其他电动机相比，其具有结构简单、制造容易、运行可靠、使用和维护方便、成本较低、效率较高、运行时的工作特性较好等优点。但异步电动机也有缺点：一是在运行时要从电网通入感性无功电流来建立磁场，降低了电网的功率因数，增加了线路损耗，限制了电网的功率传送，需要用相应的无功补偿措施；二是起动和调速性较差，但是通过将异步电动机与电力电子装置相结合，可以构成性能优良的调速系统，其成本在逐渐降低，应用也日益广泛。

2. 异步电动机的分类

异步电动机的种类很多，根据其特征可分为以下几类：

（1）按定子相数分

异步电动机按定子相数可分为单相异步电动机、两相异步电动机和三相异步电动机。通常功率在 800W 以下的常做成单相或两相电动机，而动力用异步电动机大部分为三相电机。

（2）按转子结构分

异步电动机按转子结构可分为绕线式异步电动机和鼠笼式异步电动机。鼠笼式异步电动机为改善其起动性能又制成深槽式异步电动机和双鼠笼式异步电动机。

（3）按外壳的防护方式分

异步电动机按外壳的防护方式可分为开启式异步电动机、防护式异步电动机和封闭式异步电动机。

（4）按冷却方式分

异步电动机按冷却方式可分为自冷式异步电动机、自扇冷式异步电动机、它扇冷式异步电动机、管道冷式异步电动机和外装冷却器式异步电动机。

（5）按使用电源的电压高、低分

异步电动机按使用电源的电压高、低不同可分为高压异步电动机和低压异步电动机。

（6）按结构尺寸大、小分

异步电动机按结构尺寸大、小不同可分为大型异步电动机、中型异步电动机和小型异步电动机。

（7）按工作方式分

异步电动机按工作方式不同可分为连续工作方式异步电动机、短时工作方式异步电动机和断续周期工作方式异步电动机。

（8）按有无换向器分

异步电动机按有无换向器可分为无换向器异步电动机和换向器异步电动机。

2.1.3 三相交流异步电动机的基本工作原理

1．旋转磁场

三相异步电动机是根据磁场和载流导体相互作用产生电磁力的原理制成的，三相异步电动机的磁场是一个旋转磁场。

（1）旋转磁场的产生

旋转磁场是指极性和大小不变，在气隙中以一定速度旋转的磁场。旋转磁场是由三相电流通过三相绕组产生的。三个匝数相同、形状尺寸一样、轴线在空间互差120°的绕组称为三相对称绕组。为分析方便，以两极电机为例：每相绕组仅由一个线圈组成，三相首端分别用 A、B、C 表示，末端用 X、Y、Z 表示，如图2-1所示。

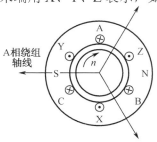

图 2-1　三相异步电动机结构示意图

接上对称三相交流电源，则各相电流的瞬时表达式为

$$\begin{cases} i_A = I_m \cos \omega t \\ i_B = I_m \cos(\omega t - 120°) \\ i_C = I_m \cos(\omega t - 240°) \end{cases}$$

（2-1）

各相电流随时间变化的曲线如图 2-2 所示，为了便于分析对称三相电流产生的合成磁场，选择几个不同瞬时进行分析。规定电流为正时，由每相的首端（A、B、C）流入，末端（X、Y、Z）流出；电流为负时，由每相的末端流入，首端流出。"⊗"表示电流流入，"⊙"表示电流流出。

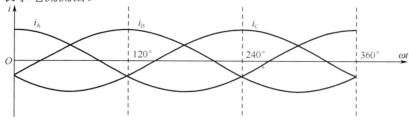

图 2-2　三相交流电流波形图

当 $\omega t = 0°$ 时，$i_A = I_m$，$i_B = i_C = -I_m/2$，按照实际电流的正负，同时考虑到绕组中电流正方向的规定，将各相电流分别绘在如图 2-3（a）所示的各相绕组中。根据"右手螺旋等则"，便可得 $\omega t = 0°$ 瞬间三相电流在三相定子绕组中产生的合成磁力线的方向，如图 2-3（a）所示，从磁力线的分布看，与一对磁极产生的磁场一样。

当 $\omega t = 120°$ 时，$i_B = I_m$，$i_A = i_C = -I_m/2$，将其分别绘制在如图 2-3（b）所示的各相绕组中，便可得 $\omega t = 120°$ 瞬间三相电流在三相定子绕组中产生的合成磁力线的方向，如图 2-3（b）所示。同理可得 $\omega t = 240°$、$\omega t = 360°$ 瞬间三相电流在三相定子绕组中产生的合成磁力线的方向，分别如图 2-3（c）、（d）所示。

可见，当电流在时间上变化一个周期，即 360° 电角度，合成磁场相当于一对机械旋转磁极的旋转磁场，在空间相应转过一周。且任意时刻合成磁场的大小相等，故又称为圆形旋转磁场。

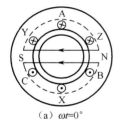 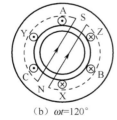 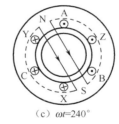 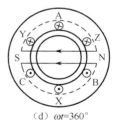

（a）$\omega t = 0°$　　　　（b）$\omega t = 120°$　　　　（c）$\omega t = 240°$　　　　（d）$\omega t = 360°$

图 2-3　三相两极旋转磁场示意图

（2）旋转磁场的转向

从图 2-3 可以看出，随着时间的推移，定子三相绕组所产生的合成磁场是大小不变、转速恒定的旋转磁场。某相电流达到最大，则定子合成磁场位于该相绕组的轴线上。由于三相定子电流的最大值是按照 A、B、C 的时间顺序依次交替变化的，相应合成磁场的旋转方向也是按照 A→B→C 顺时针方向旋转。所以旋转磁场的转向取决于三相电源通入定子绕组电流的相序。若将三相电源任意两相调换接于定子绕组，旋转磁场即刻反转（逆时针方向旋转）。

（3）旋转磁场的转速

对如图 2-3 所示的两极电机而言，每相电流的最大值随时间变化一次（或经过一周期），则相应的合成磁场就旋转一周。如果三相绕组每相分别由两个串联线圈组成，A 相绕组为 A—X 与 A′—X′ 串联，B 相绕组为 B—Y 与 B′—Y′ 串联，C 相绕组为 C—Z 与 C′—Z′ 串联，如图 2-4 所示。观察整个变化过程，可以看出这时合成磁场是两对极的，电流变化一周时，旋转磁场只转过 1/2 周。

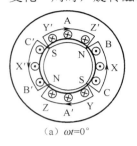 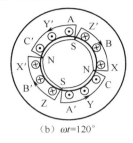 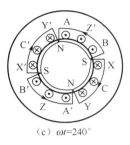 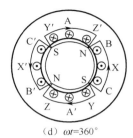

(a) $\omega t=0°$　　　　(b) $\omega t=120°$　　　　(c) $\omega t=240°$　　　　(d) $\omega t=360°$

图 2-4　三相四极旋转磁场示意图

如果将绕组按一定规则排列，可以得到 3 对、4 对或 p 对磁极的旋转磁场，用同样的方法可以推得，对于有 p 对磁极的绕组，电流变化一周，旋转磁场转过 $1/p$ 周。若交流电流的频率为 f_1，即电流每秒变化 f_1 周，则极对数为 p 的旋转磁场的转速为

$$n_1 = \frac{60 f_1}{p} \tag{2-2}$$

对于极对数确定的电机，由于合成磁场的转速 n_1 与三相定子绕组的通电频率 f_1 之间符合严格的同步关系，频率 f_1 越高则转速 n_1 越高，因此，旋转磁场的转速又称为同步转速，单位为 r/min。

2. 基本工作原理

图 2-5 为一台三相异步电动机的工作原理示意图。转子外圆上 6 个小圆圈表示转子导体截面。定子内圆上分布着三相对称绕组 AX、BY、CZ。当异步电动机定子三相对称绕组通入对称三相交流电流时，就会产生一个顺时针转向的旋转磁场。由于转子一开始是静止的，因此转子绕组与旋转磁场之间产生相对运动，转子导体切割该磁场而产生感应电动势，感应电动势的方向可根据右手定则确定。又由于转子绕组自身闭合，从而在转子绕组中产生和电动势方向一致的感应电流，电流方向如图 2-5 所示。通电导体与磁场存在相对运动，将产生电磁力 f，电磁力的方向由"左手定则"判断，电磁力对转轴形成一个电磁转矩，判断出该转矩的作用方向与旋转磁场方向一致，从而使转子跟着定子旋转磁场顺时针方向旋转。

异步电动机的旋转方向始终与旋转磁场的旋转方向一致，而旋转磁场的方向又取决于异步电动机的三相电流相序，所以，三相异步电动机的转向与电流的相序一致。换言之，要改变电动机的转向，只要改变电流的相序即可，即任意调换两相，电机可以反转。

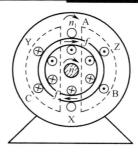

图 2-5　三相异步电动机工作原理示意图

异步电动机转子的转向与旋转磁场转向相同，在没有其他外力的作用下，转子的速度 n 永远略小于同步转速 n_1。若 $n=n_1$，则转子导体与旋转磁场之间就没有相对运动，转子导体就不会产生感应电动势和电流，电磁转矩消失，从而使转子自动慢下来。若某种情况下 $n>n_1$，虽然磁场与转子导体之间存在相对运动，转子导体中会产生感应电动势、感应电流和电磁转矩，但此时所受到的电磁转矩是阻碍转子旋转的，转子转速降低，直到低于同步转速。因此，异步电动机转子转速与同步转速总是存在差异的，故称异步电动机。同时它又是基于电磁感应原理而工作的，故又称感应电动机。

3. 转差率

异步电动机工作的必要条件是 $n<n_1$，而同步转速 n_1 与转子转速 n 之差称做转差，即 $n_2=n_1-n$。所谓转差率，就是同步转速 n_1 与转子转速 n 之差对同步转速 n_1 的比值，用 s 表示，即

$$s = \frac{n_2}{n_1} = \frac{n_1-n}{n_1} \tag{2-3}$$

s 是异步电机的重要物理量，根据 s 的大小可判断电动机工作于不同状态（$0<s<1$ 为电动状态，$s<0$ 为发电状态，$s>1$ 为制动状态）。

（1）异步电机定子刚接上电源时，转子尚未转动，这种状态称为堵转，也就是电动机刚要起动瞬间的状态。堵转时，$n=0$，$s=1$。

（2）异步电机的转速等于同步转速，这种状态称为理想空载。实际运行时一般不会出现。理想空载时，$n=n_1$，$s=0$。

（3）异步电机作为电动机运行，这种状态称为电动机状态。此时，$0<n<n_1$，$0<s<1$。

（4）当异步电机的转轴由带动机械负载改为由一台原动机拖动，则转子的转速增大且大于同步转速 n_1，转动方向不变。此时电机处于发电状态，$n>n_1$，$s<0$。

（5）当异步电机有外力阻碍使电机的转速下降，此时的电磁转矩与电机旋转方向相反，起到了制动作用。此时电机为电磁制动状态，$n<0$，$s>1$。

异步电机在不同状态时的转速和转差率范围如表 2-1 所示。

表 2-1　异步电机的各种运行状态

状　态	制动状态	堵转状态	电动机状态	理想空载状态	发电机状态
转子转速	$n<0$	$n=0$	$0<n<n_1$	$n=n_1$	$n>n_1$
转差率	$s>1$	$s=1$	$0<s<1$	$s=0$	$s<0$

2.1.4 三相交流异步电动机的主要结构

三相异步电动机的基本结构可分为两大部分：固定不转的部分称为定子，旋转的部分称为转子。转子装在定子内腔里，借助轴承被支撑在两个端盖上，并能自由转动。定子与转子之间必须有一定的间隙，该间隙称为电机的气隙。异步电动机有鼠笼式和绕线式两类，结构如图 2-6 及 2-7 所示。它们的区别在于转子结构不同。

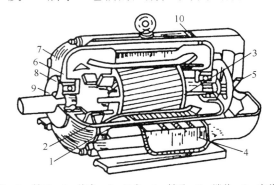

1—定子；2—定子绕组；3—转子；4—线盒；5—风扇；6—轴承；7—端盖；8—内盖；9—外盖；10—风罩

图 2-6 鼠笼式异步电动机的结构

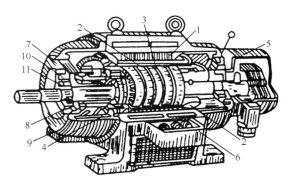

1—定子；2—定子绕组；3—转子；4—转子绕组；5—滑环风扇；6—出线盒；

7—轴承；8—轴承盒；9—端盖；10—内盖；11—外盖

图 2-7 绕线式异步电动机的结构

1. 定子

三相异步电动机的定子是异步电动机静止不动的部分，主要由定子三相绕组、定子铁芯及机座、端盖、轴承等组成。

（1）定子绕组

定子绕组是电机的电路部分，常用高强度漆包线按一定规律绕制成线圈，嵌入定子槽内，用以建立旋转磁场，实现能量转换。定子绕组分单层和双层两种。一般小型异步电动机采用单层绕组，大、中型异步电动机采用双层绕组。高压大、中型容量的异步电动机定子绕组常采用 Y 接法，只有三根引出线，如图 2-8（a）所示。中、小容量低压异步电动机,通常有 6 根出线,根据需要可接成 Y 形或 D 形,如图 2-8(b)所示。

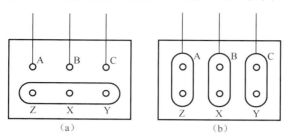

图 2-8 三相异步电动机的引出线

(2)定子铁芯

定子铁芯是电机磁路的一部分,由于异步电机中的磁场是旋转的,铁芯中每一点都处于反复磁化状态,为了减少磁场在铁芯中引起的涡流损耗和磁滞损耗,硅钢片的厚度一般为 0.35～0.5mm。铁芯采用硅钢片叠装压紧而成。冲片的两面一般涂有绝缘漆作为片间绝缘。中小型异步电机定子铁芯一般采用整圆的冲片叠成,大型异步电机的定子一般采用扇形冲片拼成。在每个冲片内圆均匀地开口,使叠装后的定子铁芯内圆均匀地形成许多形状相同的槽,用来嵌放定子绕组。槽的形状如图 2-9(a)所示,由电机的容量、电压及绕组的形式而定。

(3)机座

机座起着固定定子铁芯的作用,机座应该有足够的强度和刚度,以承受加工、运输及运行中的各种作用力,同时,还要满足通风散热的需要。异步电机的机座还作为主磁路的组成部分。中、小型异步电动机通常用铸铁机座,大型电机一般采用钢板焊接的机座。

(4)端盖

电机的端盖装在机座两端,起着保护电机铁芯和绕组端部的作用,在中小型电机中还与轴承一起支撑转子。

(5)轴承

轴承连接转动部分与不动部分,目前都采用滚动轴承以减少摩擦。

 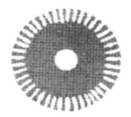

(a)定子冲片　　　(b)转子冲片

图 2-9 定、转子铁芯冲片

2. 转子

三相异步电动机的转子是异步电动机旋转的部分,主要由转子绕组、转子铁芯及转轴等组成。

(1) 转子铁芯

异步电动机的转子铁芯是电机主磁路的一部分,嵌放转子绕组。转子铁芯也用硅钢片叠装而成。与定子铁芯冲片不同的是,转子铁芯冲片是在冲片的外圆上开槽,如图 2-9 (b) 所示。

(2) 转子绕组

异步电动机的转子绕组是转子的电路部分,用来切割旋转磁场,产生转子感应电动势和电流,并在磁场的作用下受力使转子转动。

转子绕组的结构可分为鼠笼式转子绕组和绕线式转子绕组两种。鼠笼式转子结构简单,制造方便,经济耐用,如图 2-10 所示。绕线式转子结构复杂,价格高,但转子回路可引入外加电阻改善起动和调速性能,如图 2-11 所示。

(3) 转轴

异步电动机的转轴用来传递力和机械功率。转轴是整个转子的安装基础,整个转子靠轴和轴承被支撑在定子铁芯内腔中,转轴一般由碳钢或合金钢制成。

(a) 铜条笼型绕组

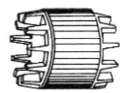
(b) 铸铝笼型绕组

图 2-10 鼠笼式转子绕组

(a) 转子

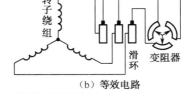
(b) 等效电路

图 2-11 绕线式转子绕组

3. 气隙

异步电动机定子与转子之间很小的空气隙是电动机磁路的一部分,气隙的大小直接影响电动机的励磁电流和功率因数。气隙大则磁阻大,要产生同样大小的旋转磁场就需要较大的励磁电流,使电机的功率因数变差;但磁阻大可减少磁场的谐波分量,从而减少附加损耗,改善起动性能。气隙过小会使装配困难,运行不可靠,且增加高次谐波损耗与附加损耗。因此，在设计电机时应兼顾各方面的因素。

2.1.5 三相交流异步电动机的铭牌数据

在异步电动机的机座上都装有一块铭牌，铭牌上标出了该电动机的型号及一些技术数据，了解铭牌上的额定值及有关数据，对正确选择、使用和维修电动机具有重要意义。在额定状态下，三相异步电动机可以获得最佳的运行性能。三相异步电动机的额定值是制造厂对电机在额定工作条件下所规定的一个量值，额定数据主要包括：

（1）额定电压 U_N

额定电压 U_N 是指电动机在额定运行时定子绕组上的线电压值，单位为 V 或 kV，一般异步电动机的额定电压有 380V、3000V、6000V 三种，有时电压的铭牌标法为 220/380V，这表示当电源的线电压为 220V 时，电动机定子绕组接成三角形，如电源线电压为 380V，则接成星形。

（2）额定电流 I_N

额定电流 I_N 是指电动机在额定运行时，流入电动机定子绕组中的线电流，单位为 A 或 kA。

（3）额定功率 P_N

额定功率 P_N 是指电动机在额定运行时，转子轴上输出的机械功率，单位为 W 或 kW。

对于三相异步电动机，其额定功率为

$$P_N = \sqrt{3} U_N I_N \eta_N \cos\varphi_N \qquad (2-4)$$

其中，η_N 为电动机的额定效率，$\cos\varphi_N$ 为电动机的额定功率因数，U_N 的单位为 V，I_N 的单位为 A，P_N 的单位为 W。

（4）额定频率 f_N

额定频率 f_N 是指电机在额定运行时，电动机定子侧电压的频率，单位为 Hz。我国工业用电标准频率为 50Hz。

（5）额定转速 n_N

额定转速 n_N 是指在电源为额定电压、电动机转轴上输出额定功率时，电动机每分钟的转速，单位为 r/min。

此外，铭牌上还标有定子相数和绕组接法、温升及绝缘等级等。绕线异步电动机还标明了转子绕组接法、转子电压（定子加额定电压、转子开路时滑环间的电压）和额定运行时的转子电流等技术数据。

电机与应用

实验 5：拆装三相异步电动机

1. 实验目的

（1）掌握三相异步电动机的内部结构和工作原理；
（2）熟练掌握电机绕组拆卸、绕组绕制及电机装配过程；
（3）掌握电机绕组端子确定、绝缘电阻测试、空载运行电流测试等方法；
（4）掌握万用表、摇表、钳形电流表的使用方法。

2. 仪器和设备

万用表、兆欧表、钳形电流表、三相鼠笼式异步电动机、撬棍、拉具等。

3. 电动机的拆装过程

在拆卸前，应准备好各种工具，做好拆卸前的记录和检查工作，在线头、端盖、刷握等处做好标记，以便于修复后的装配。

（1）拆除电动机的所有引线。
（2）拆卸皮带轮或联轴器，先将皮带轮或联轴器上的固定螺丝钉或销子松脱或取下，再用专用工具"拉马"转动丝杠，把皮带轮或联轴器慢慢拉出。

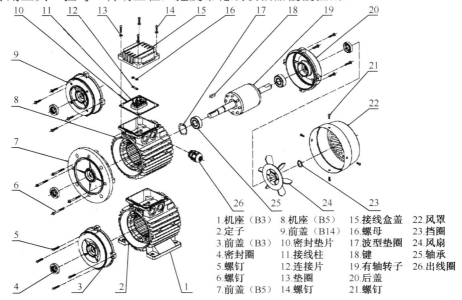

图 2-12 三相异步电动机装配图

（3）拆卸风扇或风罩。拆卸皮带轮后，就可把风罩卸下来。然后取下风扇上的定位螺栓，用锤子轻敲风扇四周，旋卸下来或从轴上顺槽拔出，卸下风扇。

（4）拆卸轴承盖和端盖。一般小型电动机都只拆风扇一侧的端盖。

（5）抽出转子。对于鼠笼式转子，可直接从定子腔中抽出。

（6）装配过程与拆卸过程完全相反。

4．注意拆装标准件的规范

全纹六角头螺栓用扳手，螺钉（十字槽）用起子。

要求：观察对应部件的名称、定子绕组的连接形式、前后端部的形状、引线连接形式、绝缘材料的放置等。

任务2.2　三相交流异步电动机参数测试

要正确使用三相交流异步电动机，就应该知道三相交流异步电动机的有关参数。通过本次任务，即三相交流异步电动机参数的测试，应达到掌握三相交流异步电动机基本参数的目的。

2.2.1　转子静止时的三相交流异步电动机

异步电动机定子与转子之间只有磁的耦合，无电的直接联系，异步电动机定子绕组从电源吸收的能量借助于电磁感应作用传递给转子。异步电动机的定子绕组相当于变压器的一次绕组，转子绕组相当于变压器的二次绕组，从电磁感应原理和能量传递来看，异步电动机与变压器有许多相似之处，故分析变压器内部电磁关系的基本方法（基本方程式和等值电路）也适用于异步电动机。但是，正常运行的异步电动机，转子是旋转的，随着转子转速的变化，转子电路中感应电动势及电流的频率也要随之发生相应的变化，与定子电动势及电流的频率不相等。同时，转子回路各物理量的大小也会相应变化，这些又与变压器有较大的区别，故异步电动机的分析与计算比变压器复杂。因此，为了便于理解，我们先分析转子不转时的情况，然后再分析转子旋转时的情况。

1．正方向的规定

以三相绕线式异步电动机定、转子星形连接为例。图2-13（a）中，$\dot{U}_1$、$\dot{E}_1$、$\dot{I}_1$分别是定子绕组的相电压、相电动势和相电流,$\dot{U}_2$、$\dot{E}_2$、$\dot{I}_2$ 分别是转子绕组的相电压、相电动势和相电流(下标"1"、"2"分别表示定子、转子),图中的箭头指向表示各量的正方向。还规定磁通势、磁通和磁密度都是从定子出来而进入转子的方向为它们的正方向。另外,把定、转子空间坐标的纵轴选在 A 相绕组的轴线处,如图 2-13(a)中的$+A_1$和$+A_2$。其中$+A_1$是定子空间坐标轴;$+A_2$是转子空间坐标轴。为了方便,假设$+A_1$、$+A_2$两个轴重叠在一起。

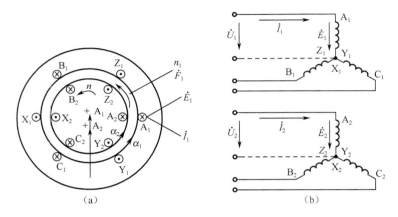

图 2-13 绕线异步电动机的参考方向规定

2. 转子不动(转子绕组开路)时的情况

(1)励磁磁通势

当三相异步电动机定子绕组接到三相对称电源上时,定子绕组里就会有三相对称电流流过,它们的有效值分别用 I_{0A}、I_{0B}、I_{0C} 表示。由于对称,只考虑 A 相电流 $\dot{I}_{0A}$ 即可。为了方便,A 相电流下标中的 A 不标,用 $\dot{I}_0$ 表示。

三相异步电动机定子绕组里流过三相对称电流 $\dot{I}_{0A}$、$\dot{I}_{0B}$、$\dot{I}_{0C}$,产生的空间合成旋转磁通势用 $\dot{F}_0$ 表示,其特点如下。

① 幅值。

$$F_0 = \frac{3}{2}\frac{4}{\pi}\frac{\sqrt{2}}{2}\frac{N_1 k_{dp1}}{p} I_0 \qquad (2\text{-}5)$$

式中,N_1、k_{dp1} 分别为定子绕组的每相串联匝数和基波绕组因数,p 为极对数。

② 转向。

由于定子电流的相序为 $A_1 \rightarrow B_1 \rightarrow C_1$，所以磁通势 $\dot{F}_0$ 的转向为 $+A_1 \rightarrow +B_1 \rightarrow +C_1$。图2-13（a）中为逆时针方向旋转。

③ 转速。

磁通势 $\dot{F}_0$ 相对于定子绕组以同步转速 n_1 沿逆时针方向旋转。

④ 瞬时位置。

当定子绕组哪相电流达到正最大值时，$\dot{F}_0$ 正好位于该相绕组的轴线上。

在绕组开路的情况下，转子绕组虽然在旋转磁场的作用下产生感应电动势，但是由于绕组开路，转子绕组中没有电流流过，也不产生磁通势。此时，气隙中的旋转磁场只是由定子绕组通入三相对称交流电流所产生的定子旋转磁通势建立的。因此 $\dot{F}_0$ 称为励磁磁通势，相应的定子相电流 $\dot{I}_0$ 称为励磁电流，也称为空载电流。

（2）主磁通和漏磁通

根据磁通路径和性质不同，异步电动机的磁通可分为主磁通和漏磁通。

① 主磁通 $\dot{\Phi}$。

当三相异步电动机定子绕组通入三相对称交流电流时，将产生定子旋转磁通势，该磁通势建立的磁通绝大部分通过气隙，并同时交链定、转子绕组，这部分磁通称为主磁通。主磁通是一个恒幅、恒速，在空间做正弦分布的基波旋转磁场。

② 漏磁通 $\dot{\Phi}_{\sigma 1}$。

定子磁通势除产生主磁通外，还产生仅与定子绕组相交链的磁通，称为定子漏磁通 $\dot{\Phi}_{\sigma 1}$。

（3）励磁电流

与分析变压器类似，异步电动机的励磁电流（转子开路时即为空载电流 $\dot{I}_0$）由两部分组成：一是专门用来产生主磁通 Φ 的无功分量电流 $\dot{I}_{0Q}$，又称为磁化电流分量，与 Φ 同相位；一是专门用来供给铁芯损耗的有功分量电流 $\dot{I}_{0P}$，又称为铁损耗电流分量，在相位上超前主磁通 Φ 90°。

$$\dot{I}_0 = \dot{I}_{0Q} + \dot{I}_{0P} \tag{2-6}$$

由于 $I_{0Q} \gg I_{0P}$，故空载电流基本上为一无功性质的电流，即 $\dot{I}_0 \approx \dot{I}_{0Q}$。

（4）感应电动势

旋转着的气隙每极主磁通 Φ 在定、转子绕组中感应电动势的有效值分别为 E_1 和 E_2（理解为 A_1 相和 A_2 相的相电动势）。

$$\begin{cases} E_1 = 4.44 f_1 N_1 k_{dp1} \Phi \\ E_2 = 4.44 f_2 N_2 k_{dp2} \Phi \end{cases} \quad (2\text{-}7)$$

式中，N_2、k_{dp2} 分别为转子绕组的每相串联匝数和基波绕组因数。

定、转子电动势在相位上滞后主磁通 Φ 90°。定、转子每相电动势之比称为电压变比，用 k_e 表示，即

$$k_e = \frac{E_1}{E_2} = \frac{N_1 k_{dp1}}{N_2 k_{dp2}} \quad (2\text{-}8)$$

定子漏磁通 $\Phi_{\sigma 1}$ 在定子绕组中感应电动势 $\dot{E}_{\sigma 1}$，在相位上比 $\Phi_{\sigma 1}$ 滞后 90°，

$$E_{\sigma 1} = 4.44 f_1 N_1 k_{dp1} \Phi_{\sigma 1} \quad (2\text{-}9)$$

（5）电压平衡方程式

与变压器相似，将定子漏电动势 $\dot{E}_{\sigma 1}$ 看成定子电流 $\dot{I}_0$ 在漏电抗 x_1 上的压降，$\dot{E}_{\sigma 1}$ 在相位上比 $\dot{I}_0$ 滞后 90°，有

$$\dot{E}_{\sigma 1} = -j \dot{I}_0 x_1 \quad (2\text{-}10)$$

同时空载电流 $\dot{I}_0$ 还在定子绕组电阻 r_1 上产生电阻压降 $\dot{I}_0 r_1$。因此，定子绕组电压平衡方程式为

$$\dot{U}_1 = -\dot{E}_1 + \dot{I}_0 (r_1 + j x_1) = -\dot{E}_1 + \dot{I}_0 Z_1 \quad (2\text{-}11)$$

式中，$Z_1 = r_1 + j x_1$ 为定子一相绕组漏阻抗，单位为 Ω。

由于转子开路，转子中无电流，转子感应电动势即为转子端电压，则转子绕组电压平衡方程式为

$$\dot{U}_{20} = \dot{E}_2 \quad (2\text{-}12)$$

（6）等效电路

同变压器类似，定子感应电动势 $\dot{E}_1$ 也可以表示为励磁阻抗压降，即

$$-\dot{E}_1 = \dot{I}_0(r_m + jx_m) = \dot{I}_0 Z_m \tag{2-13}$$

式中，x_m 为励磁电抗，它反映的是主磁通的作用；r_m 为励磁电阻，它反映的是等效的铁芯损耗；Z_m 为励磁阻抗，它反映的是铁芯损耗和磁化性能。

于是，定子一相电压平衡等式为

$$\dot{U}_1 = -\dot{E}_1 + \dot{I}_0(r_1 + jx_1) = \dot{I}_0(r_m + jx_m) + \dot{I}_0(r_1 + jx_1) = \dot{I}_0(Z_m + Z_1) \tag{2-14}$$

转子回路电压方程式为 $\dot{U}_{20} = \dot{E}_2$。

由此得到转子开路时异步电动机等效电路与相量图如图 2-14 所示，它与变压器空载时的等效电路在形式上完全一样。

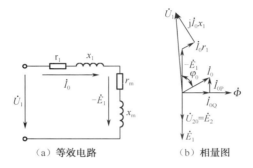

图 2-14 转子绕组开路时异步电动机等效电路与相量图

3. 转子不动（转子绕组短路并堵转）时的情况

将图 2-13 中的三相异步电动机转子三相绕组短路（即转子绕组 A_2、B_2、C_2 端短接），且转子堵住不转，定子接交流电源，这种情况称为转子堵转，简称堵转。此时，转子回路中有感应电流，因此定子电流就不再是 $\dot{I}_0$，而是用 $\dot{I}_1$ 表示。

（1）定、转子磁通势关系

① 定子磁通势。

定子三相对称电流 $\dot{I}_1$ 产生的定子旋转磁通势用 $\dot{F}_1$ 表示。$\dot{F}_1$ 的特点分析如下。

a．幅值。

$$F_1 = \frac{3}{2}\frac{4}{\pi}\frac{\sqrt{2}}{2}\frac{N_1 k_{dp1}}{p} I_1 \tag{2-15}$$

b．转向。

定子旋转磁通势 $\dot{F}_1$ 的转向由定子电流的相序决定，因为定子电流为 $A_1 \rightarrow B_1 \rightarrow C_1$ 的次序，所以磁通势 $\dot{F}_1$ 的转向为按 $+A_1 \rightarrow +B_1 \rightarrow +C_1$ 逆时针方向旋转。

c．转速。

定子旋转磁通势 $\dot{F}_1$ 相对于定子绕组以同步转速 n_1 旋转，角频率为 ω_1。

d．瞬时位置。

当定子绕组哪相电流达到正最大值时，$\dot{F}_1$ 正好位于该相绕组的轴线上。

② 转子磁通势。

定子旋转磁通势 $\dot{F}_1$ 在气隙中产生旋转磁场，分别在定、转子绕组中感应电动势 $\dot{E}_1$、$\dot{E}_2$。由于转子绕组对称且短接，因此在 $\dot{E}_2$ 的作用下转子绕组中就有对称三相电流 $\dot{I}_2$ 产生，便建立了一个合成的圆形旋转磁通势 $\dot{F}_2$，称为转子旋转磁通势，$\dot{F}_2$ 的特点如下。

a．幅值。

$$F_2 = \frac{3}{2} \frac{4}{\pi} \frac{\sqrt{2}}{2} \frac{N_2 k_{dp2}}{p} I_2 \tag{2-16}$$

b．转向。

从图 2-13 可见，在转子绕组里感应电动势及产生电流 I_2 的相序为 $A_2 \rightarrow B_2 \rightarrow C_2$，则磁通势 $\dot{F}_2$ 也是逆时针方向旋转的，即 $+A_2 \rightarrow +B_2 \rightarrow +C_2$。

c．转速。

由于转子静止，因此转子电流的频率 $f_1 = f_2$，则旋转磁通势 $\dot{F}_2$ 相对于转子绕组的转速为 $n_2 = \dfrac{60 f_2}{p} = \dfrac{60 f_1}{p} = n_1$。

当转子绕组哪相电流达到正最大值时，$\dot{F}_2$ 正好位于该相绕组的轴线上。

③ 磁通势平衡方程式。

从以上分析可知，定子磁通势 $\dot{F}_1$ 和转子磁通势 $\dot{F}_2$ 共同作用在电动机定、转子气隙中并旋转，速度相同、转向一致，共同作用于电动机磁路中，即 $\dot{F}_1$ 和 $\dot{F}_2$ 在空间上同步旋转且相对静止。因此，$\dot{F}_1$ 和 $\dot{F}_2$ 可以直接相加，得到 $\dot{F}_1+\dot{F}_2=\dot{F}_m$，$\dot{F}_m$ 的性质和转子绕组开路时的励磁磁通势 $\dot{F}_0$ 相同，故也称为励磁磁通势。虽然 $\dot{F}_m$ 和 $\dot{F}_0$ 的幅值不相同，但通常也把它用 $\dot{F}_0$ 表示，即

$$\dot{F}_1+\dot{F}_2=\dot{F}_0 \qquad (2\text{-}17)$$

将上式改写成磁通势平衡方程式为

$$\dot{F}_1=(-\dot{F}_2)+\dot{F}_0 \qquad (2\text{-}18)$$

式（2-18）表明，定子磁通势 $\dot{F}_1$ 可看成由两个分量组成：一个是 $\dot{F}_0$（即 $\dot{F}_m$）分量，用来产生主磁通 Φ 的励磁磁通势；一个是 $-\dot{F}_2$ 分量，用来抵消转子磁通势 $-\dot{F}_2$ 对主磁通的影响。异步电动机定、转子之间虽然没有电路上的直接联系，但是通过这种磁通势间的联系，转子电流对定子电流产生影响。

与分析变压器类似，假设励磁磁通势 $\dot{F}_0$ 是由定子电流分量 $\dot{I}_m$ 流过定子三相绕组建立的，把 $\dot{I}_m$ 称为励磁电流，由于异步电动机漏阻抗不大，由空载到额定负载时 E_1 变化不大，与之相应的主磁通 Φ 和励磁磁通势 F_0 变化也不大，因此负载时的励磁电流 I_m 与空载电流 I_0 相差不大，可以认为 $I_m \approx I_0$。

（2）漏磁通

同定子电流一样，转子电流 $\dot{I}_2$ 也会产生转子漏磁通 $\Phi_{\sigma 2}$，该转子漏磁通仅与转子绕组相交链。转子漏磁通 $\Phi_{\sigma 2}$ 交变也会在转子绕组中感应转子漏电势 $\dot{E}_{\sigma 2}$，在相位上比 $\Phi_{\sigma 2}$ 滞后 90°，即

$$E_{\sigma 2}=4.44 f_1 N_2 k_{dp2} \Phi_{\sigma 2} \qquad (2\text{-}19)$$

将转子漏电动势 $\dot{E}_{\sigma 2}$ 看成转子电流 $\dot{I}_2$ 在漏电抗 x_2 上的压降，$\dot{E}_{\sigma 2}$ 在相位上比 $\dot{I}_2$ 滞后 90°，有

$$\dot{E}_{\sigma 2}=-\mathrm{j}\dot{I}_2 x_2 \qquad (2\text{-}20)$$

式中，x_2 为转子不转时，转子一相的漏电抗，单位为 Ω。

同时,转子绕组中有电阻,产生电阻压降$\dot{I}_2 r_2$。

(3) 电压平衡方程式

仿照式(2-11),可写出定子一相回路的电压方程式为

$$\dot{U}_1 = -\dot{E}_1 + \dot{I}_1(r_1 + jx_1) = -\dot{E}_1 + \dot{I}_1 Z_1 \tag{2-21}$$

由于转子绕组短路,$\dot{U}_2 = 0$,因此转子一相回路的电压方程式为

$$0 = \dot{E}_2 - \dot{I}_2(r_2 + jx_2) = \dot{E}_2 - \dot{I}_2 Z_2 \tag{2-22}$$

式中,$Z_2 = r_2 + jx_2$ 为转子一相绕组的漏阻抗,单位为 Ω。

由式(2-22)可得转子相电流为

$$\dot{I}_2 = \frac{\dot{E}_2}{r_2 + jx_2} = \frac{\dot{E}_2}{\sqrt{r_2^2 + x_2^2}} \angle \varphi_2 \tag{2-23}$$

式中,$\varphi_2 = \arctan\dfrac{x_2}{r_2}$ 为转子绕组回路的功率因数角,也是 $\dot{I}_2$ 滞后 $\dot{E}_2$ 的时间电角度。

(4) 转子绕组的折算

异步电动机定、转子之间没有电路上的连接,只有磁路的联系,可以依据异步电动机的电磁平衡关系和功率平衡关系建立等效电路。

为了得到等效电路,需要采用变压器分析中使用过的折算方法,将转子绕组折算到定子侧。从定子侧看,转子是通过其磁通势 F_2 来实现与定子侧的相互作用的,因此折算的条件是保持转子磁通势 F_2 的大小和空间相位不变,这样就可以保证定、转子间的电磁作用关系不变,从而不改变定子侧的量。这时,转子绕组的电动势、电流及有效匝数等数值,都是无关紧要的。可用一套与定子绕组完全相同的等效转子绕组(相数为 m_1、每相串联匝数为 N_1)来替代实际转子绕组(相数为 m_2、每相串联匝数为 N_2),折算后的各物理量右上角都加上标"'"。

(5) 基本方程式和等效电路

① 基本方程式。

转子绕组短路且堵转的异步电动机,转子绕组折算之后的基本方程式为

$$\left.\begin{aligned}\dot{U}_1 &= -\dot{E}_1 + \dot{I}_1(r_1 + jx_1) \\ -\dot{E}_1 &= \dot{I}_0(r_m + jx_m) \\ \dot{E}_1 &= \dot{E}_2' \\ \dot{E}_2' &= \dot{I}_2'(r_2' + jx_2') \\ \dot{I}_1 + \dot{I}_2' &= \dot{I}_0 \end{aligned}\right\} \tag{2-24}$$

② 等效电路。

根据基本方程式可画出转子绕组短路、转子堵转时的等效电路，如图 2-15 所示。由于堵转时的情况与三相变压器二次绕组短路时情况类似，因此二者的等效电路在形式上完全相同。

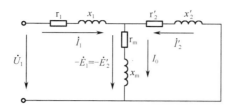

图 2-15　转子绕组短路、转子堵转的等效电路

三相异步电动机的定、转子漏阻抗都比较小，在定子绕组短路并且堵转的情况下，如果定子绕组加上额定电压，定、转子的电流都很大，约为额定电流的 4～7 倍。如果电动机长期运行在堵转情况，电动机可能会烧毁。

2.2.2　转子旋转时的三相交流异步电动机

当定子绕组接入三相对称电源时，流入定子绕组的三相对称电流会建立一个以同步转速 $n_1=60f_1/p$ 旋转的磁通势 F_1，此磁通势建立的磁场在定子绕组中产生感应电动势 E_1，同时也在闭合的转子绕组中产生感应电动势 E_2 和感应电流 I_2，转子电流 I_2 也会产生相应的转子旋转磁通势 F_2，此时定子磁通势 F_1 和转子磁通势 F_2 共同作用于气隙中产生了合成旋转磁通势 F_0，由它在气隙中建立一个以速度 n_1 旋转的合成旋转磁场 Φ。因此，以上对转子静止时所分析的一些基本电磁关系仍然存在，而且对于定子电路而言，由于电动势的频率及电压平衡关系都不受转子旋转的影响，所以定子回路的电压平衡方程式与转子静止时相同。但是对于转子而言，由于转子已经旋转起来，因而气隙旋转磁场对转子的相对运动速度与转子静止时是不相同的，从而引起转子各物理量的变化，主要表现在转子电动势 E_2 和电流 I_2 的大小及频率的变化，以及转子绕组漏电抗的变化。

1. 转子电动势的频率

当三相异步电动机以转速 n 即转差率 s 稳态运行时，旋转磁场相对于转子的转速不再是转子堵转时的同步转速 n_1，而是 $n_2 = n_1 - n$，因此转子绕组的电动势、电流和漏电抗的频率都不再是转子堵转时的 f_1，而是与 n_2 对应的 f_2，即

$$f_2 = \frac{pn_2}{60} = \frac{p(n_1-n)}{60} = \frac{pn_1}{60}\frac{n_1-n}{n_1} = sf_1 \qquad (2\text{-}25)$$

式（2-25）表明，转子频率 f_2 等于定子频率 f_1 与转差率 s 之积，因此转子频率 f_2 也称为转差频率。

2. 转子电动势

转子旋转时转子绕组中感应电动势为

$$E_{s2} = 4.44 f_2 N_2 k_{dp2} \Phi = 4.44 s f_1 N_2 k_{dp2} \Phi = s E_2 \quad (2\text{-}26)$$

式中，E_2 是转子不转时转子绕组中的感应电动势。式（2-26）说明，当转子旋转时，每相感应电动势与转差率 s 成正比。值得注意的是，电动势 E_2 并不是异步电动机堵转时真正的电动势，因为异步电动机堵转时，气隙中主磁通 Φ 的大小要发生变化。而式（2-26）中 $E_2 = 4.44 f_1 N_2 k_{dp2} \Phi$，其中的 Φ 就是异步电动机正常运行时气隙中每极的磁通量，认为其为常数。

由于电抗与频率成正比，转子旋转时的每相漏电抗 x_{s2} 是对应转子频率 f_2 时的漏电抗，称为转子漏电抗，计算公式为

$$x_{s2} = s x_2 \quad (2\text{-}27)$$

当异步电动机以转速 n 恒速旋转时，转子回路（转子绕组直接短接）的电压方程式为

$$\dot{E}_{s2} = \dot{I}_{s2}(r_2 + j x_{s2}) \quad (2\text{-}28)$$

因此，转子电流 $\dot{I}_{s2}$ 为

$$\dot{I}_{s2} = \frac{\dot{E}_{s2}}{r_2 + j x_{s2}} \quad (2\text{-}29)$$

3. 定、转子磁通势及磁通势关系

（1）定子磁通势 $\dot{F}_1$

当异步电动机旋转起来后，定子绕组中流过的电流为 $\dot{I}_1$，产生的旋转磁通势为 $\dot{F}_1$，其特点在前面已经分析过，这里仍假设它相对于定子绕组以同步转速 n_1 逆时针方向旋转。

（2）转子旋转磁通势 $\dot{F}_2$

① 幅值。

$$F_2 = \frac{3}{2} \frac{4}{\pi} \frac{\sqrt{2}}{2} \frac{N_2 k_{dp2}}{p} I_{s2} \quad (2\text{-}30)$$

② 转向。

转子电流 $\dot{I}_{s2}$ 的相序为 $A_2 \to B_2 \to C_2$，由转子电流 $\dot{I}_{s2}$ 产生的三相合成旋转磁通势 $\dot{F}_2$ 的转向，相对于转子绕组而言，也是由 $+A_2$ 到 $+B_2$，再转到 $+C_2$，为逆时针方向旋转。

③ 转速。

转子电流 $\dot{I}_{s2}$ 的频率为 f_2，显然由转子电流 $\dot{I}_{s2}$ 产生的三相合成旋转磁通势 $\dot{F}_2$，相对

于转子绕组的转速用 n_2 表示，为

$$n_2 = \frac{60 f_2}{p} \qquad (2\text{-}31)$$

转子旋转磁通势 $\dot{F}_2$ 相对于转子绕组的逆时针转速为 n_2；转子旋转磁通势 $\dot{F}_2$ 相对于定子绕组的转速为 $n_2+n=n_1$。

④ 瞬时位置。

当转子绕组某一相电流达到正最大值时，$\dot{F}_2$ 正好位于该相绕组的轴线上。

（3）合成磁通势

① 幅值：$\dot{F}_1$、$\dot{F}_2$ 的幅值仍为前面分析的结果。

② 转向：$\dot{F}_1$、$\dot{F}_2$ 的转向相对于定子都为逆时针方向旋转。

③ 转速。定、转子旋转磁通势 $\dot{F}_1$、$\dot{F}_2$ 相对于定子绕组的转速均为 n_1。

④ 合成的总磁通势。不论电机转子以多大的转速 n 旋转，定子旋转磁通势 $\dot{F}_1$ 和转子旋转磁通势 $\dot{F}_2$ 总是同速同向旋转，在空间上相对静止。因此异步电动机的合成磁通势是稳定的，从而保证异步电动机产生恒定的电磁转矩，实现机电能量转换。在定、转子绕组中的合成磁通势为

$$\dot{F}_1 + \dot{F}_2 = \dot{F}_0 \qquad (2\text{-}32)$$

由此可见，当三相异步电动机转子以转速 n 旋转时，定、转子磁通势关系并未改变。

4. 转子绕组频率的折算

频率折算就是要寻求一个等效的转子电路来代替实际旋转的转子系统，而该等效的转子电路应与定子电路有相同的频率。当异步电动机转子静止时，转子频率等于定子频率，即 $f_2=f_1$，所以频率折算的实质就是把旋转的转子等效成静止的转子。在等效过程中，为了保持电机的电磁效应不变，必须遵循两条原则：一是折算前后转子磁通势不变，以保持转子电路对定子电路的影响不变；二是被等效的转子电路功率和损耗与原转子旋转时一样。

将转子电阻 r_2 增加到 $\dfrac{r_2}{s}$ 的静止转子，就完全可以代替在转差率 s 下的实际旋转转子。

换言之，把转子从旋转化为等效静止，相当于在每相转子电路中增加了一个数值为 $\dfrac{1-s}{s}r_2$ 的附加电阻。

频率变换后的转子电阻 $\frac{r_2}{s}$ 具有重要的物理意义，可把它分成两项，即

$$\frac{r_2}{s} = r_2 + \frac{1-s}{s} r_2$$

式中，r_2 表示转子绕组本身的电阻，$\frac{1-s}{s} r_2$ 则表示转子机械轴上总的机械输出功率所对应的等效电阻。必须指出，电阻 $\frac{1-s}{s} r_2$ 在实际电路中是不存在的，它是在将转动的转子等效为不动的转子时引入的参数。

完成频率折算后，实际旋转的转子已经等效为一个不转的转子，再把转子电路折算到定子电路，折算方法与转子堵转时异步电动机的折算完全相同，折算后的参数分别为 $\dot{E}_2'$、$\dot{I}_2'$、r_2'、x_2'。

5. 基本方程式和等效电路

（1）基本方程式

异步电动机转子旋转时，折算后的基本方程式为

$$\left. \begin{array}{l} \dot{U}_1 = -\dot{E}_1 + \dot{I}_1 (r_1 + jx_1) \\ -\dot{E}_1 = \dot{I}_0 (r_m + jx_m) \\ \dot{E}_1 = \dot{E}_2' \\ \dot{E}_2' = \dot{I}_2' \left(\dfrac{r_2'}{s} + jx_2' \right) \\ \dot{I}_1 + \dot{I}_2' = \dot{I}_0 \end{array} \right\} \quad (2\text{-}33)$$

（2）等效电路

根据上面的基本方程式，再仿照变压器的分析方法，可做出三相异步电动机的 T 形等效电路，如图 2-16 所示。

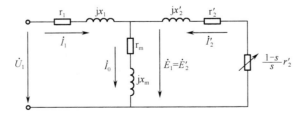

图 2-16　三相异步电动机的 T 形等效电路

从等效电路可知，当异步电动机空载时，转子转速接近同步转速 $n \approx n_1$，转差率很小，$s \approx 0$，$\dfrac{r_2'}{s} \to \infty$，转子相当于开路，此时转子电流 $\dot{I}_2'$ 接近于零，定子电流 $\dot{I}_1$ 近似为励磁

电流 $\dot{I}_0$,故空载时异步电动机定子侧的功率因数很低,约为 0.1~0.2。

异步电动机起动(或堵转)时,$n=0$,$s=1$,$\dfrac{r_2'}{s}=r_2'$,相当于电路处于短路状态,故定子的起动(或堵转)电流很大,在正常运行时,绝不允许转子长时间堵转,否则会因为过电流而烧坏定、转子绕组。同时,定子侧的功率因数也较低。此时,由于定子绕组的漏阻抗压降较大,导致起动时的 $\dot{E}_1$ 及主磁通 $\varPhi$ 大为减小,几乎接近空载时的一半,故起动转矩有所降低。

当异步电动机带额定负载运行时,转差率为 $s=0.02$~0.05,此时转子电路的 $\dfrac{r_2'}{s}$ 约为 r_2' 的 20~50 倍,等效电路转子边呈电阻性,转子功率因数 $\cos\varphi_2$ 较高,定子功率因数 $\cos\varphi_1$ 也较高,一般为 0.8~0.85。

考虑到 T 形等效电路计算复杂,在工程实际中,当计算精度要求不高时,可对其进行简化处理,如图 2-17 所示。

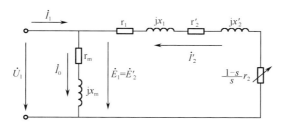

图 2-17 三相异步电动机的简化等效电路

从等值电路上看,异步电动机对电网来说相当于一个感性负载,运行时需要从电网中吸收感性无功功率,从而降低了电网的功率因数。在异步电动机负载较大的场所,为了满足异步电动机对无功的需求,提高电网的功率因数,往往需要采用无功补偿措施。

2.2.3 三相交流异步电动机的功率和转矩

1. 功率关系

异步电动机运行时,定子从电网吸收电功率,转子向被驱动的机械负载输出机械功率。电动机在实现机电能量的转换过程中,必然产生各种损耗。根据能量守恒原理,输出功率等于输入功率减去总损耗。由于 T 形等效电路如实、全面地反映了异步电动机内部的电流、功率、转矩以及它们之间的关系,故可用 T 形等效电路分析异步电动机运行时各部分的功率损耗及传递关系。

(1)各部分的功率

① 输入功率 P_1。

由电网供给电动机的功率称为输入功率。

$$P_1 = 3U_1I_1\cos\varphi_1 = \sqrt{3}U_{1L}I_{1L}\cos\varphi_1 \tag{2-34}$$

② 定子铜损耗 p_{Cu1}。

定子电流 I_1 通过定子绕组时，在定子绕组的内阻 r_1 上的功率损耗称为定子铜损耗。

$$p_{Cu1} = 3I_1^2 r_1 \tag{2-35}$$

③ 电动机的铁损耗 p_{Fe}。

旋转磁场在异步电动机的定、转子铁芯中产生的磁滞和涡流损耗，统称为铁损耗。因为正常运行时，转子频率很小，转子铁损耗可忽略不计，因此只有定子铁损耗，其值可以看成励磁电流 I_0 在励磁电阻 r_m 上所消耗的功率。

$$p_{Fe} = p_{Fe1} = 3I_0^2 r_m \tag{2-36}$$

④ 电磁功率 P_M。

从输入功率 P_1 中扣除定子铜损耗 p_{Cu1} 和定子铁损耗 p_{Fe}，剩余的功率 P_M 便通过电磁感应作用借助气隙磁场由定子传递到转子，因此 P_M 称为电磁功率。由 T 形等值电路看能量传递关系，电机输出给转子回路的电磁功率 P_M 等于转子回路全部电阻 $\dfrac{r_2'}{s}$ 上的损耗，即

$$P_M = P_1 - p_{Cu1} - p_{Fe} = 3I_2'^2\left[r_2' + \frac{1-s}{s}r_2'\right] = 3I_2'^2 \frac{r_2'}{s} \tag{2-37}$$

电磁功率也可以表示为

$$P_M = 3E_2'I_2'\cos\varphi_2 = m_2 E_2 I_2 \cos\varphi_2 \tag{2-38}$$

⑤ 转子绕组中的铜损耗 p_{Cu2}。

转子电流流过转子绕组时，电流 I' 在转子绕组电阻 r_2' 上的功率损耗称为转子铜损耗。

$$p_{Cu2} = 3I_2'^2 r_2' = sP_M \tag{2-39}$$

⑥ 电动机轴上的总机械功率 P_m。

电磁功率减去转子绕组的铜损耗后，即为电动机转子上的总机械功率，由 T 形等值电路可以看出，总机械功率就是转子电流消耗在附加电阻 $\dfrac{1-s}{s}r_2'$ 上的电功率。

$$P_m = P_M - p_{Cu2} = 3I_2'^2 \frac{1-s}{s} r_2' = (1-s)P_M \tag{2-40}$$

⑦ 空载损耗 p_0。

$$p_0 = p_m - p_s \tag{2-41}$$

式中，p_m 为机械损耗，指电机旋转时轴承的摩擦和空气阻力产生的损耗；p_s 为附加损耗。

⑧ 转轴上真正输出的功率 P_2。

总机械功率减去机械损耗 p_m 和附加损耗 p_s 后，才是电动机转轴上输出的机械功率 P_2。

$$P_2 = P_m - p_m - p_s \tag{2-42}$$

输出功率也可以表示为

$$P_2 = 3U_1 I_1 \eta \cos\varphi_1 = \sqrt{3}U_{1L}I_{1L}\eta\cos\varphi_1 \tag{2-43}$$

式中，U_1、I_1 为定子每相电压和电流；U_{1L}、I_{1L} 为定子线电压和线电流；φ_1 为 $\dot{U}_1$ 与 $\dot{I}_1$ 的相位差角。

（2）功率平衡关系

根据异步电动机的功率流程图 2-18，由能量守恒原理，可以得到如下的功率平衡方程式

$$\left.\begin{array}{l} P_1 = P_M + p_{Cu1} + p_{Fe} \\ P_M = P_m + p_{Cu2} \\ P_m = P_2 + p_m + p_s = P_2 + p_0 \end{array}\right\} \quad (2\text{-}44)$$

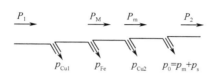

图 2-18 功率流程示意图

（3）功率间的关系

$$P_M : p_{Cu2} : P_m = 1 : s : (1-s) \quad (2\text{-}45)$$

上式表明，通过气隙传递给转子的电磁功率 P_M，一部分 $(1-s)P_M$ 转变为机械功率 P_m；另一部分 sP_M 转变为转子铜损耗 p_{Cu2}，又称为转差功率，故正常工作时 s 较小，p_{Cu2} 小，效率高。

从 P_1 到 P_2 的全过程为

$$P_2 = P_1 - p_{Cu1} - p_{Fe} - p_{Cu2} - p_m - p_s = P_1 - \sum p \quad (2\text{-}46)$$

式中，$\sum p = p_{Cu1} + p_{Fe} + p_{Cu2} + p_m + p_s$ 为异步电动机的总损耗。

2. 转矩关系

总机械功率 P_m 除以轴的角速度 $\Omega = \dfrac{2\pi n}{60}$ 就是电磁转矩 T，即

$$T = \frac{P_m}{\Omega} \quad (2\text{-}47)$$

电磁转矩与电磁功率的关系为

$$T = \frac{P_m}{\Omega} = \frac{P_m}{\dfrac{2\pi n}{60}} = \frac{P_m}{(1-s)\dfrac{2\pi n_1}{60}} = \frac{P_M}{\Omega_1} \quad (2\text{-}48)$$

式中，$\Omega_1 = \dfrac{2\pi n_1}{60}$ 为同步角速度。

式（2-42）两边除以角速度 Ω，得出

$$T_2 = T - T_0 \tag{2-49}$$

式中，$T_0 = \dfrac{p_m + p_s}{\Omega} = \dfrac{p_0}{\Omega}$ 为空载转矩，T_2 为输出转矩，在电力拖动系统中，通常 $T_2 = T_F$，T_F 为负载转矩。

【例 2-1】 已知一台三相异步电动机，额定电压 $U_{1N} = 380\text{V}$，定子三角形连接，额定功率 $P_N = 5.5\text{kW}$，额定转速 $n_N = 960\text{r/min}$，在额定负载时定子铜耗 $p_{Cu1} = 20\text{W}$，机械摩擦损耗 $p_m = 45\text{W}$，附加损耗 $p_s = 20\text{W}$。试求额定运行时的转差率 s_N、转子频率 f_2、转子铜损耗 p_{Cu2} 及负载转矩 T_2、空载转矩 T_0 和电磁转矩 T。

解：

（1）由于 $n_N = 960\text{r/min}$，故 $n_1 = 1000\text{r/min}$，则额定转差率为

$$s_N = \frac{n_1 - n_N}{n_1} = \frac{1000 - 960}{1000} = 0.04$$

（2）转子频率为

$$f_2 = s_N f_1 = 0.04 \times 50 = 2\text{Hz}$$

（3）总机械功率为

$$P_m = P_2 + p_m + p_s = 5.5 \times 10^3 + 45 + 20 = 5565\text{W}$$

电磁功率为

$$P_M = \frac{P_m}{1 - s_N} = \frac{5565}{1 - 0.04} = 5796.9\text{W}$$

转子铜损耗为

$$p_{Cu2} = s_N P_M = 0.04 \times 5796.9 = 231.9\text{W}$$

（4）角速度为

$$\Omega_N = \frac{2\pi n_N}{60} = \frac{2\pi \times 960}{60} = 100.5\text{rad/s}$$

负载转矩为

$$T_2 = \frac{P_2}{\Omega_N} = \frac{5.5 \times 10^3}{100.9} = 54.73\text{N}\cdot\text{m}$$

空载转矩为

$$T_0 = \frac{p_m + p_s}{\Omega_N} = \frac{45 + 20}{100.5} = 0.65\text{N}\cdot\text{m}$$

电磁转矩为

$$T = T_0 + T_2 = 0.65 + 54.73 = 55.38\text{N}\cdot\text{m}$$

或

$$T = \frac{P_m}{\Omega_N} = 55.38\text{N}\cdot\text{m}$$

 任务实施

实验6：三相异步电动机的空载实验和短路实验

在利用等效电路计算三相异步电动机的运行特性和性能时，需要知道电动机的参数。异步电动机的参数包括励磁参数（Z_m、r_m、x_m）和短路参数（Z_k、r_k、x_k）。对已制成的电动机，和变压器一样，可以通过空载实验和短路实验（也称堵转实验）来测定其参数。

1. 空载实验

（1）实验目的

空载实验的目的是测励磁阻抗 r_m、x_m，机械损耗 p_m 和铁损耗 p_{Fe}。

（2）实验方法

实验时电动机轴上不带任何负载，定子绕组加额定频率的三相对称额定电压，稳定运行一段时间，使机械损耗达到稳定值。然后用调压器改变定子电压，使电压从（1.1~1.3）U_N 开始逐渐降低，直到转速发生明显变化为止。每次记录定子端电压 U_1、定子电流 I_0（空载电流）、定子输入空载功率 P_0。实验结束后应立即测量绕组电阻。

（3）参数计算

根据实验数据可作出空载特性曲线 $I_0 = f(U_1)$ 和 $P_0 = f(U_1)$，如图2-19所示。

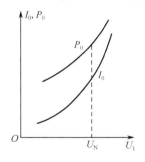

图2-19　异步电动机的空载特性曲线

由于异步电动机空载时转差率 s 很小，转子电流很小，转子铜损耗 p_{Cu2} 可以忽略不计，此时输入功率消耗在定子铜损耗 $p_{Cu1} = 3I_0^2 r_1$、铁损耗 p_{Fe}、机械损耗 p_m 和附加损耗 p_s 上，即

$$P_0 = p_{Cu1} + p_{Fe} + p_m + p_s \tag{2-50}$$

从空载功率 P_0 中减去 p_{Cu1}，并用 P_0' 表示，得

$$P_0' = P_0 - p_{Cu1} = p_{Fe} + p_m + p_s \tag{2-51}$$

式中，p_m 与电压 U_1 无关，只取决于电动机转速的大小，在空载运行时 $n \approx n_1$，转速变化不大，故 p_m 可认为是一个常数；p_{Fe} 和 p_s 与磁通密度的平方成正比，可近似地看成与端电压 U_1^2 成正比。若以 U_1^2 为横坐标，则 $P_0' = f(U_1^2)$ 近似为一条直线，如图 2-20 所示。若延长直线与纵坐标的交点 O'，从 O' 点作横轴平行虚线，虚线以下部分表示机械损耗 p_m 值，其余部分就是铁损耗 p_{Fe} 和附加损耗 p_s。

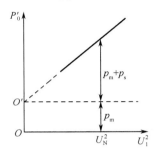

图 2-20 $P_0' = f(U_1^2)$ 曲线

定子加额定电压时，根据空载实验测得的数据 I_0 和 P_0 可以算出：

$$\left. \begin{array}{l} Z_0 = \dfrac{U_1}{I_0} \\ r_0 = \dfrac{P_0 - p_m}{3I_0^2} \\ x_0 = \sqrt{Z_0^2 - r_0^2} \end{array} \right\} \quad (2\text{-}52)$$

式中，P_0 是测得的三相功率，I_0、U_1 分别是相电流和相电压。

空载时，$s \approx 0$，$I_2 \approx 0$，$\dfrac{(1-s)r_2'}{s} \approx \infty$，转子侧看成开路，从异步电机的等效电路可知

$$r_m = \dfrac{p_{Fe}}{3I_0^2} \quad \text{或} \quad \left. \begin{array}{l} x_m = x_0 - x_1 \\ r_m = r_0 - r_1 \\ Z_m = \sqrt{r_m^2 + x_m^2} \end{array} \right\} \quad (2\text{-}53)$$

式中，x_1 可由下面的短路实验测得。

2. 短路实验

短路实验又叫堵转实验，即在进行实验时，将异步电动机的转子卡住不动，此时转子转速 $n = 0$，$s = 1$，故等效电路中对应于机械输出的等效电阻 $\dfrac{1-s}{s}r_2' = 0$，相当于转子短路。

（1）实验目的

短路实验的目的是测短路时的 P_k、I_k，确定三相异步电动机的短路参数 $r_k = r_1 + r_2'$，$x_k = x_1 + x_2'$。

（2）实验方法

实验时，将转子卡住不转，绕线转子电动机的转子绕组应短路（鼠笼电动机转子绕组本身已经短路）。利用调压器调节异步电动机的定子电压，使定子电流达到$1.25I_N$左右，然后降低定子电压直到定子电流降为$0.3I_N$。每次记录定子电压 U_k、短路电流 I_k、短路功率 P_k。由于堵转时的电流很大，因此实验应迅速进行，以免绕组过热。实验结束后应立即测量定子绕组和转子绕组（对绕线转子电动机）的电阻。

（3）参数计算

根据实验的数据，画出异步电动机的短路特性曲线 $I_k = f(U_k)$，$P_k = f(U_k)$，如图2-21所示。

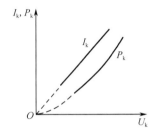

图2-21 三相异步电动机的短路特性

异步电动机 T 形等效电路如图2-16所示，短路实验时，$n=0$，$s=1$，$\dfrac{1-s}{s}r_2'=0$，又因为 $Z_m \gg Z_2'$，故可认为 $I_0 \approx 0$，即图2-22等效电路中的励磁支路开路。

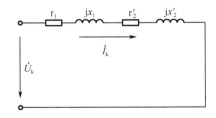

图2-22 异步电动机堵转时的简化等效电路

此时，定子的全部输入功率 P_k 都消耗在定、转子的电阻上，即

$$P_k = 3(r_1 + r_2')I_k^2 \tag{2-54}$$

于是，可得短路参数为

$$Z_k = \frac{U_k}{I_k}$$
$$r_k = r_1 + r_2' = \frac{P_k}{3I_k^2}$$
$$x_k = x_1 + x_2' = \sqrt{Z_k^2 - r_k^2}$$
(2-55)

因为定子电阻 r_1 可用欧姆表、电桥等仪表直接测得，故转子的折算电阻 r_2' 为

$$r_2' = r_k - r_1 \qquad (2\text{-}56)$$

x_1 和 x_2' 无法用实验的办法分开，且数值十分接近，因此，对于大、中型异步电动机，可认为

$$x_1 \approx x_2' \approx \frac{x_k}{2} \qquad (2\text{-}57)$$

任务2.3 三相交流异步电动机工作特性的测定

任务导入

要正确使用三相交流异步电动机，还应该知道三相交流异步电动机的工作特性。通过完成本次三相交流异步电动机工作特性测定的任务，应达到掌握三相交流异步电动机工作特性的目的。

知识准备

2.3.1 三相交流异步电动机的工作特性

三相异步电动机的运行特性包括工作特性和机械特性两大类。

三相异步电动机的工作特性是指在额定电压和频率下，电动机的转速 n、电磁转矩 T、定子电流 I_1、定子功率因数 $\cos\varphi_1$ 及效率 η 与输出功率 P_2 的关系，如图 2-23 所示。在已知 T 形等效电路中的参数和机械损耗、附加损耗时，可以通过计算方法求得工作特性。对已制造出来的电动机，可以通过负载实验测得工作特性。

1. **转速特性** $n = f(P_2)$

当 $U_1 = U_{1N}$、$f_1 = f_{1N}$ 时，电动机转速 n 与输出功率 P_2 之间的关系曲线称为转速特性曲线。

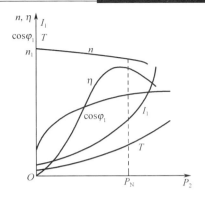

图 2-23 三相异步电动机的工作特性

三相异步电动机空载时,转子的转速 n 接近于同步转速 n_1。随着负载的增加,转速 n 略微降低,这时转子电动势 E_{s2} 增大,转子电流 I_{s2} 增大,以产生大的电磁转矩来平衡负载转矩。因此,随着 P_2 的增加,转子转速 n 下降,转差率 s 增大。在额定负载时,异步电动机的转差率为 1.5%～6%,相应的转速 $n_N = (1-s_N)n_1$ 变化很小,因此转速特性 $n = f(P_2)$ 是一条向下稍微倾斜的曲线,如图 2-23 所示。

2. 转矩特性 $T = f(P_2)$

当 $U_1 = U_{1N}$、$f_1 = f_{1N}$ 时,电磁转矩 T 与输出功率 P_2 之间的关系曲线称为电磁转矩特性曲线。

稳定运行时,异步电动机的转矩方程为 $T = T_2 + T_0$,输出功率 $P_2 = T_2\Omega$,所以 $T = \dfrac{P_2}{\Omega} + T_0$。当电动机空载时,电磁转矩 $T = T_0$。随着负载增加,P_2 增大,由于机械角速度 Ω 变化不大,电磁转矩 T 随 P_2 的变化近似为一条直线,如图 2-23 所示。

3. 定子电流特性 $I_1 = f(P_2)$

当 $U_1 = U_{1N}$、$f_1 = f_{1N}$ 时,定子电流 I_1 与输出功率 P_2 之间的关系曲线称为定子电流特性曲线。

由磁通势平衡方程变换得 $\dot{I}_1 = \dot{I}_0 + (-\dot{I}_2')$ 可知,空载时,$P_2 = 0$,$\dot{I}_2' \approx 0$,则 $\dot{I}_1 \approx \dot{I}_0$,负载时随着 P_2 的增加,转子转速下降,转子电流增大,而 I_0 近似不变,定子电流 I_1 也增大,故 I_1 随 P_2 的增大而增大,图 2-23 给出了三相异步电动机典型的定子电流特性。

4. 定子功率因数特性 $\cos\varphi_1 = f(P_2)$

当 $U_1 = U_{1N}$、$f_1 = f_{1N}$ 时,描述异步电动机定子功率因数 $\cos\varphi_1$ 与输出功率 P_2 之间的关系曲线称为定子功率因数特性曲线。

异步电动机运行需从电网中吸收感性无功功率来建立磁场,故定子功率因数总是滞后的,空载时,$\dot{I}_1 \approx \dot{I}_0$,而 $\dot{I}_{0P} \ll \dot{I}_{0Q}$,故主要是无功电流,功率因数很低,负载时,$P_2$

增大，I_2' 增大，随之 I_1 也增大，电流中的有功分量增加，定子功率因数增加，接近满载时，定子功率因数达到最大值，负载再增加时，由于转速降低，转差率 s 增大，转子电路阻抗角 $\varphi_2 = \arctan\dfrac{sx_2'}{r_2'}$ 增大较快，转子功率因数 $\cos\varphi_2$ 下降，转子电流的无功分量增大，相应的定子无功分量增大，$\cos\varphi_1$ 下降。

5. 效率特性 $\eta = f(P_2)$

当 $U_1 = U_{1N}$、$f_1 = f_{1N}$ 时，电动机的效率 η 与输出功率 P_2 之间的关系曲线称为效率特性。

根据效率的定义，有

$$\eta = \frac{P_2}{P_1} = 1 - \frac{\sum p}{p + \sum p}$$

其中，总损耗 $\sum p = p_{Cu1} + p_{Fe} + p_{Cu2} + p_m + p_s$。

同变压器一样，异步电动机的总损耗也可以分为两大类：一类是不变损耗（$p_{Fe} + p_m$），这部分损耗取决于主磁通和转子转速，因而随着负载的增加基本不变；另一类是可变损耗（$p_{Cu1} + p_{Cu2} + p_s$），这部分损耗与负载电流的平方成正比，故变化较大。在电机空载时，$P_2 = 0$，$\eta = 0$，随着输出功率 P_2 的增加，效率 η 也在增加，当不变损耗等于可变损耗时，电动机的效率达到最大。如果负载继续增加，可变损耗增加较快，故效率反而下降，图 2-23 给出了三相异步电动机典型的效率特性。

对中、小型异步电动机，大约 $P_2 = 0.75 P_N$ 时，效率最高，一般来说，电动机的容量越大，效率越高。在异步电动机选型时，为了获得较高的运行效率和功率因数，应尽量避免"大马拉小车"的现象，以使电动机经济、合理和安全地运行。

2.3.2 三相交流异步电动机的机械特性

机械特性是电动机稳态运行最重要的特性。三相异步电动机的机械特性是指在定子电压、频率及参数固定的条件下，机械轴上的转子转速 n 和电磁转矩 T 之间的关系 $n=f(T)$，它反映了在不同转速下，电动机所能提供的出力（转矩）情况。利用等效电路可以很方便地获得各种形式的机械特性表达式。

1. 三相异步电动机机械特性的三种表达式

三相异步电动机的电磁转矩有三种表达式，分别为物理表达式、参数表达式及实用表达式。

（1）电磁转矩的物理表达式

电磁转矩的物理表达式为

$$T = C_{Tj}\Phi I_2 \cos\varphi_2 \tag{2-58}$$

式中，C_{Tj} 为转矩系数，对已制成的电机，C_{Tj} 为一常数。

上式表明，三相异步电动机的电磁转矩是由每极磁通 Φ 与转子电流的有功分量 $I_2\cos\varphi_2$ 相互作用产生的，是电磁力定律在异步电动机中的具体体现。但该式并没有直接反映出电磁转矩与电动机参数之间的关系,更没有明显地表示电磁转矩与转速之间的关系,并且 C_{Tj} 和 Φ 不易求得。因此,分析或计算异步电动机的机械特性时,一般不采用物理表达式,只是常用该式来对电磁转矩和机械特性进行定性分析。

(2) 机械特性的参数表达式

① 参数表达式。

电磁转矩与转子电流的关系为

$$T = \frac{P_M}{\Omega_1} = \frac{3I_2'^2 \frac{r_2'}{s}}{\frac{2\pi n_1}{60}} = \frac{3I_2'^2 \frac{r_2'}{s}}{\frac{2\pi f_1}{p}} \tag{2-59}$$

将 $I_2' = \dfrac{U_1}{\sqrt{\left(r_1 + \dfrac{r_2'}{s}\right)^2 + (x_1 + x_2')^2}}$ 代入上面的转矩公式中,得到机械特性的参数表达式为

$$T = \frac{3pU_1^2 \dfrac{r_2'}{s}}{2\pi f_1 \left[\left(r_1 + \dfrac{r_2'}{s}\right)^2 + (x_1 + x_2')^2\right]} \tag{2-60}$$

式(2-60)反映了异步电动机电磁转矩 T 与电源电压 U_1、频率 f_1、电机参数(r_1、r'、x_1、x_2'、p)和转差率 s 之间的关系。当 U_1、f_1 与电机参数不变时,电磁转矩 T 仅与转差率 s 有关,即 $T=f(s)$ 或 $T=f(n)$。将其变化规律描绘于坐标便得 T-s 曲线,又称为异步电动机的机械特性,如图 2-24 所示。

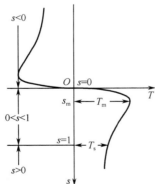

图 2-24 异步电动机 T-s 曲线

该曲线反映了异步电机的三种工作状态:$0<s<1$ 为电动状态;$s<0$ 为发电状态;$s>1$ 为制动状态。异步电机主要作为电动机使用。

② 最大电磁转矩。

三相异步电动机在额定电压和额定频率下稳态运行时,所能产生的最大异步电磁转矩 T_m 称为最大电磁转矩。从图 2-24 可见,异步电动机在电动运行状态和发电运行状态时,

均会出现最大电磁转矩 T_m。将式（2-60）对 s 求导数，并令 $\dfrac{\mathrm{d}T}{\mathrm{d}s}=0$，可得到 T_m 对应的转差率 s_m，称为临界转差率，用公式表示为

$$\left. \begin{aligned} T_m &= \pm \frac{1}{2} \frac{3pU_1^2}{2\pi f_1 \left[r_1^2 + \sqrt{r_1^2 + (x_1 + x_2')^2}\right]} \\ s_m &= \pm \frac{r_2'}{\sqrt{r_1^2 + (x_1 + x_2')^2}} \end{aligned} \right\} \quad (2\text{-}61)$$

式中，"+"号应用于电动机状态；"-"号应用于发电机状态。

在一般异步电动机中，通常 $r_1 \ll (x_1 + x_2')$，因此，式（2-61）可表示为

$$\left. \begin{aligned} T_m &= \pm \frac{1}{2} \frac{3pU_1^2}{2\pi f_1 (x_1 + x_2')} \\ s_m &= \pm \frac{r_2'}{(x_1 + x_2')} \end{aligned} \right\} \quad (2\text{-}62)$$

从式（2-61）可知，发电状态的 T_m 比电动状态的要大，但两者差别不大，在以后的分析计算中为了简便起见，认为电动与发电状态的 T_m 大小相等。

最大电磁转矩 T_m 和临界转差率 s_m 有如下特点：

a．当电机各参数及电源频率不变时，最大电磁转矩 T_m 与电源电压 U_1^2 成正比，而临界转差率 s_m 与电源电压 U_1 无关；

b．临界转差率 s_m 与转子电阻 r_2' 成正比，而最大电磁转矩 T_m 与 r_2' 的大小无关；

c．在电源电压和频率一定时，最大电磁转矩 T_m 与临界转差率 s_m 都近似与电机参数 $x_1 + x_2'$ 成反比；

d．当电源电压和电机参数不变时，最大电磁转矩 T_m 随频率 f_1 的增大而减小。

为了保证电动机的稳定运行，不至于因短时过载而停止运转，就要求电动机有一定的过载能力，显然 T_m 越大，电机短时过载能力就越强，因此用最大转矩 T_m 与额定转矩 T_N 之比来表示过载能力，称为过载倍数，用 λ_m 来表示，即

$$\lambda_m = \frac{T_m}{T_N} \quad (2\text{-}63)$$

λ_m 是异步电动机的主要技术指标，它反映了电动机短时过载能力的大小，一般电动机过载能力 $\lambda_m = 1.8 \sim 2.2$，起重冶金用电动机 $\lambda_m = 2.2 \sim 2.8$。

③ 起动转矩。

电动机起动时，$n=0$、$s=1$ 的电磁转矩称为起动转矩（堵转转矩），将 $s=1$ 代入式（2-60），得到起动转矩 T_s 为

$$T_s = \frac{3pU_1^2 r_2'}{2\pi f_1 [(r_1 + r_2')^2 + (x_1 + x_2')^2]} \quad （2\text{-}64）$$

由上式可见：

a. 当频率和电机参数一定时，起动转矩 T_s 与电源电压 U_1^2 成正比；

b. 在一定范围内增大 r_2' 时，T_s 增大，且当 $r_2' \approx x_1 + x_2'$ 时，起动转矩 T_s 为最大，等于最大转矩 T_m；

c. 当电源电压和频率一定时，电抗参数 $x_1 + x_2'$ 越大，T_s 越小。

由此可见，绕线式异步电动机可以通过转子绕组串电阻的方法增大起动转矩 T_s，改善起动性能，而对于鼠笼式异步电动机这种方法是不可行的。

表征电动机起动能力的一个技术指标 $K_s = \dfrac{T_s}{T_N}$，称为起动转矩倍数，只有当 $T_s > T_N$ 时，电动机才能起动，一般鼠笼型电机的 $K_s = 1.0 \sim 2.0$，起重冶金的鼠笼型电动机 $K_s = 2.8 \sim 4.0$。

④ 稳定运行。

一般异步电动机的特性曲线分为两部分：

a. 转差率 $0 \sim s_m$ 部分：在这一部分，T 与 s 的关系近似成正比，即 s 增大时，T 也随之增大。只要负载转矩小于电动机的最大电磁转矩 T_m，电动机就能在该区域中稳定运行。

b. 转差率 $s_m \sim 1$ 部分：在这一部分，T 与 s 的关系近似成反比，即 s 增大时，T 反而减小，与 $0 \sim s_m$ 部分的结论相反，该部分为异步电动机的不稳定运行区（风机、泵类负载除外）。

（3）机械特性的实用表达式

参数表达式对于分析电机参数对电磁转矩的影响非常有用，但是，由于电机参数要通过实验和计算得到，在产品目录中没有给出，应用有一定困难。因此，需要推导电磁转矩实用表达式，以便利用产品目录或铭牌数据来计算电机参数。

实用表达式的推导过程如下。

将式（2-60）除以式（2-61）中 T_m 的表达式，得

$$\frac{T}{T_m} = \frac{2r_2'\left[r_1 + \sqrt{r_1^2 + (x_1+x_2')^2}\right]}{s\left[\left(r_1 + \dfrac{r_2'}{s}\right)^2 + (x_1+x_2')^2\right]} \qquad (2\text{-}65)$$

考虑到式（2-61）中 s_m 的表达式，并忽略定子电阻 r_1，得三相异步电动机机械特性的实用表达式为

$$\frac{T}{T_m} = \frac{2}{\dfrac{s}{s_m} + \dfrac{s_m}{s}} \qquad \text{或} \qquad T = \frac{2T_m}{\dfrac{s}{s_m} + \dfrac{s_m}{s}} \qquad (2\text{-}66)$$

2. 三相异步电动机的固有机械特性

固有机械特性是指异步电动机工作在额定电压和额定频率下，按照规定的接线方式接线，定、转子电路中不外接电阻、电感或电容时的机械特性，如图 2-25 所示。其中曲

线 1 为正向旋转时的固有机械特性，曲线 2 为反向旋转时的固有机械特性。下面针对正向旋转时的情况进行讨论。

（1）电动状态

图 2-25 所示的第一象限为电动状态，$0 < s \leq 1$，$0 < n \leq n_1$，电磁转矩 T 和转速 n 同方向，都为正值。电动状态的机械特性可以分为 AC 段和 CD 段两部分。

① AC 段：近似为直线，对任何负载均能稳定运行，是机械特性的工作段。

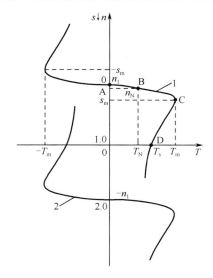

图 2-25 三相异步电动机的固有机械特性

a．同步运行点 A：对应 $T=0$，$n=n_1$，$s=0$。

由于异步电动机空载时也存在空载转矩 T_0，电机实际上不可能工作在该点。

b．额定工作点 B：其转速、转差率、转矩、电流和功率都是额定值。

机械特性上的额定转矩是指额定电磁转矩 T_N，等于额定输出转矩 T_{2N} 与空载转矩 T_0 之和。在工程计算中通常忽略 T_0，有

$$T_N \approx T_{2N} = 9550 \frac{P_N}{n_N} \tag{2-67}$$

式中，额定功率 P_N 的单位为 kW，额定转速 n_N 的单位为 r/min，额定电磁转矩 T_N 的单位为 N·m。

c．最大电磁转矩点 C：对应最大电磁转矩 T_m，临界转差率 s_m。

最大电磁转矩 T_m 是三相异步电动机的性能指标之一，不仅反映了电动机的过载能力，对起动性能也有影响。

② CD 段：恒转矩负载在 CD 段不能稳定运行，风机和泵类负载可以稳定运行，但因为转差率大，定、转子电流都很大，不宜长期运行。

起动点 D：对应 $T = T_s$，$n = 0$，$s = 1$。

（2）发电状态

图 2-25 所示的第二象限为发电状态，$s<0$，$n>n_1$，电磁转矩 $T<0$，是制动性转矩，电

磁功率也是负值,向电网回馈电能。

(3) 电磁制动状态

图 2-25 所示的曲线 1 的第四象限部分为电磁制动状态,$s>1$,$n<0$,电磁转矩 $T>0$,当绕线型异步电动机转子串入大阻值的电阻,被位能性负载拖着反转时,属于制动状态。

3. 三相异步电动机的人为机械特性

三相异步电动机的人为机械特性是指人为改变电源参数或电动机参数而得到的机械特性,可以改变的电源参数有定子电压 U_1、电源频率 f_1,可以改变的电动机参数有定子极对数 p,以及定、转子电路中的参数 r_1、r_2'、x_1、x_2'。

(1) 降低定子端电压的人为机械特性

电动机的其他参数都与固有特性相同,仅降低定子端电压,这样所得到的人为特性称为降低定子端电压的人为特性,其特性曲线如图 2-26 所示。特点如下:

① 降压后同步转速 n_1 不变,即不同 U_1 下的人为机械特性都通过固有机械特性上的同步点。

② 降压后,最大电磁转矩 T_m 随 U_1^2 成比例下降,但是临界转差率 s_m 不变。

③ 降压后的起动转矩 T_s 也随 U_1^2 成比例下降。

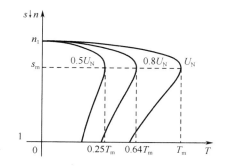

图 2-26 定子电压为不同值时的人为机械特性

说明:线性段的机械特性变软,起动、过载能力显著下降,由于电动机在额定电压下接近饱和,因此不宜升高电压。

(2) 转子回路串对称三相电阻的人为机械特性

对于绕线转子异步电动机,如果其他参数都与固有特性时一样,仅在转子回路串入对称三相电阻 R 所得的人为特性,称为转子回路串对称三相电阻的人为机械特性,其特性曲线如图 2-27 所示。特点如下:

① n_1 不变,所以不同 R 的人为机械特性都通过固有机械特性上的同步点。

② 临界转差率 $s_m \propto (r_2+R)$,即 s_m 会随转子电阻的增加而增加,但是 T_m 不变。

③ 当临界转差率 $s_m<1$,起动转矩 T_s 随 R 的增加而增加;但是,当 $s_m>1$ 时,起动转矩 T_s 随 R 的增加反而减小。

说明:绕线式异步电动机转子串入电阻 R 越大,线性段机械特性越软。

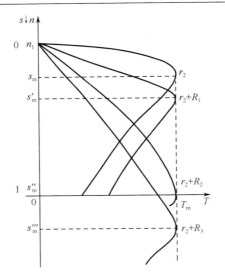

图 2-27 转子回路串接电阻时的人为机械特性

（3）定子回路串三相对称电阻 R 或电抗时的人为机械特性

三相异步电动机如果其他参数都与固有特性时一样，仅在定子回路串入对称三相电阻 R 或电抗 X 所得的人为特性，称为转子回路串对称三相电阻的人为机械特性，其特性曲线如图 2-28 所示。特点如下：

① n_1 不变，所以不同定子 R 或 X 的人为机械特性都通过固有机械特性上的同步点。
② 最大电磁转矩 T_m 和起动转矩 T_s 都随外串电阻或电抗的增大而减小。
③ 临界转差率 s_m 会随 R 或 X 的增大而减小。

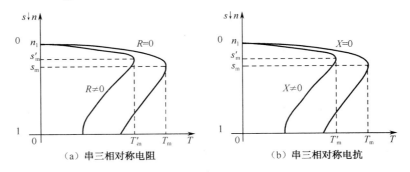

(a) 串三相对称电阻　　　　　　(b) 串三相对称电抗

图 2-28 定子回路串三相对称电阻或电抗时的人为机械特性

说明：定子回路串入电阻或电抗越大，线性段机械特性越软。定子串入对称电抗，一般用于鼠笼式电动机的降压起动，以限制起动电流。定子电路串接三相对称电阻的机械特性与串接三相对称电抗时的机械特性相似，同样可以限制起动电流，但由于电阻要产生能量损耗，一般不宜采用。

4. 利用电磁转矩实用表达式计算机械特性

前面已经推导出电磁转矩的实用表达式（2-66）。从表达式可知，只有求出最大电磁

转矩 T_m 和临界转差率 s_m，才能得 $T=f(s)$ 的关系，下面介绍如何求得 T_m 和 s_m，即介绍如何使用实用公式。

① 已知固有机械特性（T_N、s_N），求 s_m。

若已知三相异步电动机铭牌数据中的额定功率 P_N（kW），额定转速 n_N（r/min）和过载能力 λ_m，则

额定转矩 T_N（N·m）为

$$T_N = 9550 \frac{P_N}{n_N}$$

额定转差率 s_N 为

$$s_N = \frac{n_1 - n_N}{n_1}$$

忽略空载转矩，近似认为 $T=T_N$，且 $T_m = \lambda_m T_N$，将上述各式代入式（2-66）得到

$$\frac{T}{T_m} = \frac{2}{\frac{s}{s_m} + \frac{s_m}{s}} = \frac{T_N}{\lambda_m T_N} = \frac{1}{\lambda_m}$$

解得

$$s_m = s_N \left(\lambda_m \pm \sqrt{\lambda_m^2 - 1} \right)$$

因为 $s_m > s_N$，所以上式取"+"号，为

$$s_m = s_N \left(\lambda_m + \sqrt{\lambda_m^2 - 1} \right) \tag{2-68}$$

② 已知人为机械特性（T、s'），求 s'_m。

若使用实用公式时，不知道额定工作点数据，这时将人为机械特性上任一已知点的（T、s'）代入式（2-76），找出 s'_m 的表达式，过程如下：

$$\frac{T}{T_m} \times \frac{T_N}{T_N} = \frac{2}{\frac{s'}{s'_m} + \frac{s'_m}{s'}} \quad \rightarrow \quad \frac{T}{\lambda_m T_N} = \frac{2}{\frac{s'}{s'_m} + \frac{s'_m}{s'}}$$

解得

$$s'_m = s' \left(\lambda_m \frac{T_N}{T} + \sqrt{\lambda_m^2 \left(\frac{T_N}{T} \right)^2 - 1} \right) \tag{2-69}$$

在应用实用电磁转矩表达式时，若电动机在额定负载范围内运行，由于 $\frac{s_m}{s} \gg \frac{s}{s_m}$，忽略 $\frac{s}{s_m}$，则实用表达式（2-66）可以简化为

$$T = \frac{2T_m}{s_m} s \tag{2-70}$$

③ 求取人为机械特性——转子回路外串电阻的电阻值。

相同负载下，转子回路串电阻前后的临界转差率与电阻之间的关系为

$$\frac{s'_m}{s_m} = \frac{r'_2 + R'}{r'_2} = \frac{r_2 + R}{r_2} \tag{2-71}$$

因此，在实际应用中求取绕线式异步电动机转子外串电阻值为

$$R = \left(\frac{s'_m}{s_m} - 1\right) r_2 \tag{2-72}$$

或

$$R = \left(\frac{s'}{s} - 1\right) r_2 \tag{2-73}$$

以转子绕组为 Y 连接为例，r_2 可按照下式求出。

$$r_2 \approx Z_{s2} = \frac{s_N E_{2N}}{\sqrt{3} I_{2N}} \tag{2-74}$$

式中，E_{2N} 为转子静止时转子额定线电动势；I_{2N} 为转子额定线电流；Z_{s2} 为 $s = s_N$ 时转子每相绕组阻抗，$Z_{s2} = r_2 + j x_{s2} = r_2 + j s x_2$。由于 $s_N \ll 1$，$r_2 \gg s_N x_2$，故 $Z_{s2} \approx r_2$。

实验 7：三相异步电动机的特性测量实验

（1）测量接线图如图 2-29 所示。同轴连接负载电机，R_F 用 1800Ω 可调电阻，R_L 用 2250Ω 可调电阻。

（2）合上交流电源，调节调压器使之逐渐升压至额定电压并保持不变。

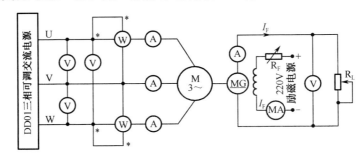

图 2-29 三相鼠笼式异步电动机负载实验接线图

（3）合上校正过的直流电机的励磁电源，调节励磁电流至校正值并保持不变。

（4）调节负载电阻 R_L，使异步电动机的定子电流逐渐上升，直至电流上升到 1.25 倍额定电流。

（5）逐渐减小负载直至空载，在这个范围内读取异步电动机的定子电流、输入功率、转速、直流电机的负载电流 I_F 等数据。

（6）共取 8~9 组数据记录于表 2-2 中。

表 2-2　三相异步电动机特性测试数据（$U_{1\varphi} = U_{1N}$ = 220V（△），I_F = _____ mA）

序号	I_{1L}（A）				P_1（W）			I_F（A）	T_2（N·m）	n（r/min）
	I_A	I_B	I_C	I_{1L}	P_I	P_{II}	P_1			

（7）根据测得的数据，绘制下列特性曲线。
① 转速特性 $n = f(P_2)$。
② 转矩特性 $T = f(P_2)$。
③ 定子电流特性 $I_1 = f(P_2)$。
④ 定子功率因数特性 $\cos\varphi_1 = f(P_2)$。
⑤ 效率特性 $\eta = f(P_2)$。
⑥ 固有机械特性 $n = f(T)$。

思考与练习题

2.1　三相异步电动机的主磁通在定、转子绕组中感应电动势的频率一样吗？两个频率之间数量关系如何？

2.2　三相异步电动机转子开路、定子接电源的电磁关系与变压器空载运行的电磁关系有何异同？等效电路有何异同？

2.3　为什么异步电动机的气隙很小？

2.4　异步电动机转子铁芯不用铸钢铸造或钢板叠成，而用硅钢片叠成，这是为什么？

2.5　三相异步电动机接三相电源转子堵转时，为什么产生电磁转矩？其方向由什么决定？

2.6　三相异步电动机接三相电源，转子绕组开路和短路时定子电流为什么不一样？

2.7　三相异步电动机接三相电源转子堵转时，转子电流相序如何确定？频率是多少？转子电流产生磁通势的性质怎样？转向和转速如何？

2.8 三相异步电动机转子堵转时的等效电路是如何组成的？

2.9 已知三相异步电动机的极对数 p、同步转速 n_1、转速 n、定子频率 f_1、转子频率 f_2、转差率 s 及转子旋转磁通势 F_2 相对于转子的转速 n_2 之间的关系，请填表 2-3。

表 2-3 题 2.9 表

序 号	p	n_1	n	f_1	f_2	s	n_2
1	1			50		0.03	
2	2		1000	50			
3		1800		60	3		
4	5	600	−500				
5	3	1000				−0.2	
6	4			50		1	

2.10 请简单证明转子磁通势相对于定子的转速为同步转速 n_1。

2.11 三相异步电动机转子不转时，转子每相感应电动势为 E_2、漏电抗为 X_2，旋转时转子每相电动势和漏电抗值为多大？为什么？

2.12 对比三相异步电动机与变压器的 T 形等效电路，二者有什么异同？转子电路中的 $\dfrac{1-s}{s}r_2'$ 代表什么？

2.13 三相异步电动机转子电流的数值在起动时和运行时一样大吗？为什么？

2.14 若三相异步电动机起动时转子电流为额定运行时的 5 倍，是否起动时电磁转矩也应为额定电磁转矩的 5 倍？为什么？

2.15 异步电动机的定、转子绕组没有电路连接，为什么负载转矩增大时定子电流会增大？负载变化时（在额定负载范围内）主磁通变化否？

2.16 三相异步电动机等效电路中的参数 x_1、x_2'、x_m 和 r_m，在电动机接额定电压从空载到额定负载的情况下，这些参数值是否变化？

2.17 一台三相异步电动机的额定电压为 380/220V，定子绕组接法为 Y/△，试问：

（1）如果定子绕组 △ 接法，接三相 380V 电压，能否空载运行？能否负载运行？会发生什么现象？

（2）如果定子绕组 Y 接法，接三相 220V 电压，能否空载运行？能否负载运行？会发生什么现象？

2.18 三相异步电动机空载运行时，转子边功率因数 $\cos\varphi_2$ 很高，为什么定子边功率因数 $\cos\varphi_1$ 却很低？为什么额定运行时定子边 $\cos\varphi_1$ 又比较高？为什么 $\cos\varphi_1$ 总是有滞后性？

2.19 一台频率为 60Hz 的三相异步电动机用在 50Hz 电源上，其他不变，电动机空载电流如何变化？若拖动额定负载运行，电源电压有效值不变，频率降低会出现什么问题?

2.20 填空。

(1) 忽略空载损耗,拖动恒转矩负载运行的三相异步电动机,其 $n_1 = 1500 \text{r/min}$,电磁功率 $P_M = 10 \text{kW}$。若运行时转速 $n = 1455 \text{r/min}$,输出机械功率 $P_m = \underline{\quad} \text{kW}$;若 $n = 900 \text{r/min}$,则 $P_m = \underline{\quad} \text{kW}$;若 $n = 300 \text{r/min}$,则 $P_m = \underline{\quad} \text{kW}$;转差率 s 越大,电动机效率越 \underline{\quad}。

(2) 三相异步电动机电磁功率为 P_M,机械功率为 P_m,输出功率为 P_2,同步角速度为 Ω_1,机械角速度为 Ω,那么 $\dfrac{P_M}{\Omega_1} = \underline{\quad}$,称为 \underline{\quad};$\dfrac{P_m}{\Omega} = \underline{\quad}$,称为 \underline{\quad};而 $\dfrac{P_2}{\Omega} = \underline{\quad}$,称为 \underline{\quad}。

(3) 三相异步电动机电磁转矩与电压 U_1 的关系是 \underline{\quad}。

(4) 三相异步电动机最大电磁转矩与转子回路电阻成 \underline{\quad} 关系,临界转差率与转子回路电阻成 \underline{\quad} 关系。

2.21 三相异步电动机能否长期运行在最大电磁转矩下?为什么?

2.22 某三相异步电动机机械特性与反抗性恒转矩负载转矩特性相交于图 2-30 中的 1、2 两点,与通风机负载转矩特性相交于点 3。请回答 1、2、3 三点中哪点能稳定运行,哪点能长期稳定运行?

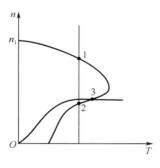

图 2-30 题 2.22 图

2.23 频率为 60Hz 的三相异步电动机接于 50Hz 的电源上,电压不变,其最大电磁转矩和堵转转矩将如何变化?

2.24 三相异步电动机额定电压为 380V,额定频率为 50Hz,转子每相电阻为 0.1Ω,其 $T_m = 500 \text{N} \cdot \text{m}$,$T_s = 300 \text{N} \cdot \text{m}$,$s_m = 0.14$,请填写下面空格。

(1) 若额定电压降至 220V,则 $T_m = \underline{\quad} \text{N} \cdot \text{m}$,$T_s = \underline{\quad} \text{N} \cdot \text{m}$,$s_m = \underline{\quad}$。

(2) 若转子每相串入 $R = 0.4\Omega$ 电阻,则 $T_m = \underline{\quad} \text{N} \cdot \text{m}$,$T_s = \underline{\quad}$ 300 N·m,$s_m = \underline{\quad}$。

2.25 一台鼠笼式三相异步电动机转子是插铜条的,损坏后改为铸铝的。如果在额定电压下,仍旧拖动原来额定转矩大小的恒转矩负载运行,那么与原来各额定值比较,电动机的转速 n、定子电流 I_1、转子电流 I_2、功率因数 $\cos\varphi_1$、输入功率 P_1 及输出功率 P_2

将怎样变化？

2.26 一台三相四极绕线式异步电动机定子接在 50Hz 的三相电源上，转子不转时，每相感应电动势 $E_2 = 220V$，$r_2 = 0.08\Omega$，$x_2 = 0.45\Omega$。忽略定子漏阻抗影响，求在额定运行 $n_N = 1470 \text{r/min}$ 时的下列各量：

（1）转子电流频率；

（2）转子相电动势；

（3）转子相电流。

2.27 设有一台额定容量 $P_N = 5.5\text{kW}$，频率 $f_1 = 50\text{Hz}$ 的三相四极异步电动机，在额定负载运行情况下，由电源输入的功率为 $P_1 = 6.32\text{kW}$，定子铜耗为 $p_{Cu1} = 34\text{W}$，转子铜耗为 $p_{Cu2} = 237.5\text{W}$，铁损耗为 $p_{Fe} = 176.5\text{W}$，机械损耗 $p_m = 45\text{W}$，附加损耗为 $p_s = 29\text{W}$。

（1）画出功率流程图，标明各功率及损耗。

（2）在额定运行情况下，求电动机的效率 η、转差率 s、转速 n、电磁转矩 T、转轴上的输出转矩 T_2 各为多少？

2.28 一台三相六极异步电动机，额定数据为：$P_N = 28\text{kW}$，$U_N = 380\text{V}$，$f_1 = 50\text{Hz}$，$n_N = 950\text{r/min}$。额定负载时定子边的功率因数 $\cos\varphi_{1N} = 0.88$，定子铜耗、铁耗共为 2.2kW，机械损耗 p_m 为 1.1kW，忽略附加损耗。在额定负载时，求：

（1）转差率；

（2）转子铜耗；

（3）效率；

（4）定子电流；

（5）转子电流的频率。

2.29 已知一台三相四极异步电动机的额定数据为：$P_N = 10\text{kW}$，$U_N = 380\text{V}$，$I_N = 11.6\text{A}$，定子为 Y 接法。额定运行时，定子铜耗为 $p_{Cu1} = 557\text{W}$，转子铜耗为 $p_{Cu2} = 314\text{W}$，铁损耗为 $p_{Fe} = 276\text{W}$，机械损耗 $p_m = 77\text{W}$，附加损耗为 $p_s = 200\text{W}$。该电动机额定负载时，求：

（1）额定转速；

（2）空载转矩；

（3）转轴上的输出转矩；

（4）电磁转矩。

2.30 一台三相四极异步电动机额定数据为：$P_N = 10\text{kW}$，$U_N = 380\text{V}$，$I_N = 19.8\text{A}$，定子绕组 Y 接法，$r_1 = 0.5\Omega$。空载实验数据为：$U_N = 380\text{V}$，$P_0 = 0.425\text{kW}$，$I_0 = 5.4\text{A}$，机械损耗 $p_m = 0.08\text{kW}$，忽略附加损耗。短路实验数据为：$U_k = 120\text{V}$，$P_k = 0.92\text{kW}$，$I_k = 18.1\text{A}$。若 $x_1 = x_2'$，求电机的参数 r_2'、x_1、x_2'、r_m 和 x_m。

2.31 一台三相六极鼠笼式异步电动机数据为：额定电压 $U_N = 380\text{V}$，额定转速 $n_N = 957\text{r/min}$，额定频率 $f_1 = 50\text{Hz}$，定子绕组 Y 接法，定子电阻 $r_1 = 2.08\Omega$，转子电阻折合值 $r_2' = 1.53\Omega$，定子漏电抗 $x_1 = 3.12\Omega$，转子漏电抗折合值 $X_2' = 4.25\Omega$。求：

（1）额定转矩；
（2）最大转矩；
（3）过载倍数；
（4）最大转矩对应的转差率。

2.32 一台三相四极定子绕组为 Y 接法的绕线式异步电动机数据为：额定容量 $P_N=150\text{kW}$，额定电压 $U_N=380\text{V}$，额定转速 $n_N=1460\text{r/min}$，过载倍数 $\lambda_m=3.1$。求：

（1）额定转差率；
（2）最大转矩对应的转差率；
（3）额定转矩；
（4）最大转矩。

2.33 一台三相八极异步电动机数据为：额定容量 $P_N=260\text{kW}$，额定电压 $U_N=380\text{V}$，额定频率 $f_N=50\text{Hz}$，额定转速 $n_N=722\text{r/min}$，过载倍数 $\lambda_m=2.13$。求：

（1）额定转差率 s_N；
（2）额定转矩 T_N；
（3）最大转矩 T_m；
（4）最大转矩对应的转差率 s_m；
（5）$s=0.02$ 时的电磁转矩 T。

2.34 一台三相绕线式异步电动机数据为：额定容量 $P_N=75\text{kW}$，额定转速 $n_N=720\text{r/min}$，定子额定电流 $I_N=148\text{A}$，额定效率 $\eta_N=90.5\%$，额定功率因数 $\cos\varphi_{1N}=0.85$，过载倍数 $\lambda_m=2.4$，转子额定电动势 $E_{2N}=213\text{V}$（转子不转，转子绕组开路电动势），转子额定电流 $I_{2N}=220\text{A}$。求：

（1）额定转矩；
（2）最大转矩；
（3）最大转矩对应的转差率；
（4）用实用转矩公式绘制电动机的固有机械特性。

2.35 一台三相八极异步电动机数据为：额定容量 $P_N=50\text{kW}$，额定电压 $U_N=380\text{V}$，额定频率 $f_N=50\text{Hz}$，额定负载时的转差率为 0.025，过载倍数 $\lambda_m=2$。

（1）用转矩的实用公式求最大转矩对应的转差率；
（2）求转子的转速。

项目3　电力拖动系统知识与三相交流异步电动机的应用

知识目标

1. 掌握电力拖动系统转动方程式和各种负载特性；
2. 掌握降压起动方法的选择；
3. 掌握变极调速的原理、常用的变极调速的接线方式；
4. 掌握三相绕线异步电动机的转子串电阻的调速及调速电阻的计算；
5. 了解串级调速的基本原理、调压调速的特点；
6. 掌握变频调速原理及机械特性；
7. 熟悉三相异步电动机各种制动过程；
8. 了解单相异步电动机的类型及原理。

技能目标

1. 掌握三相异步电动机起动方法；
2. 掌握三相异步电动机制动方法；
3. 掌握三相异步电动机调速方法。

任务 3.1　电力拖动系统动力学知识

3.1.1　电力拖动系统转动方程式

（1）电力拖动系统一般由电动机、生产机械的传动机构、工作机构、控制设备和电源组成，如图 3-1 所示。

各组成部分的作用：电动机把电能转换成机械动力，通过传动机构带动生产机械的工作机构执行某一任务，传动机构用来传递机械能，控制设备用来控制电动机的运动，电源用来向电动机及其他电气设备供电。通常把传动机构及工作机构称为电动机的机械负载。

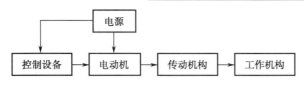

图 3-1 电力拖动系统组成

（2）单轴电力拖动系统：是最简单的电力拖动系统，即电动机转轴与生产机械的工作机构直接相连，工作机构是电动机的负载，电动机与负载同一个轴、同一转速。

在列写电力拖动系统的运动方程时，我们对转矩和转速的正方向（即参考方向）做如下规定：电磁转矩 T 的正方向与转速 n（r/min）的正方向相同，而负载转矩 T_L 的正方向与转速 n 的正方向相反，根据力学中刚体转动定律及各量的参考正方向，可写出如下的电磁转矩、负载转矩与转速之间的关系方程式，为

$$T - T_L = J \frac{d\Omega}{dt}$$

而转速 n 与角速度 Ω，转动惯量 J 与飞轮矩 GD^2 的关系为

$$\Omega = \frac{2\pi n}{60}$$

$$J = m\rho^2 = \frac{GD^2}{4g}$$

将上边两式代入转动方程，化简后得

$$T - T_L = \frac{GD^2}{375} \frac{dn}{dt} \tag{3-1}$$

上式就是电力拖动系统的基本运动方程式。它表明电力拖动系统的转速变化 $\frac{dn}{dt}$ 由作用在转轴上所有转矩的代数和 $T - T_L$ 决定。

当 $T > T_L$ 时，$\frac{dn}{dt} > 0$，系统加速；当 $T < T_L$ 时，$\frac{dn}{dt} < 0$，系统减速。这两种情况下，系统的运动都处在过渡过程中，称为动态或过渡状态。

当 $T = T_L$ 时，$\frac{dn}{dt} = 0$，转速不变，系统以恒定的转速运行（$n=$常数），或者静止不动（$n=0$）。这种运动状态称为稳定运行状态或静态，简称稳态。

必须注意，T、T_L 及 n 都是有方向的。假如规定：转速 n 逆时针为正，则转矩 T 与 n 的正方向相同时为正；负载转矩 T_L 与 n 的正方向相反时为正。在代入具体数值时，如果其实际方向与规定的正方向相同，就用正数，否则就应当用负数。

3.1.2 负载的转矩特性

负载转矩特性是指生产机械工作机构的负载转矩与其运行转速之间的函数关系。典型的负载转矩有以下三种。

1. 恒转矩负载的转矩特性

负载转矩的大小为一定值,而与转速无关的称为恒转矩负载。根据负载转矩的方向是否与转向有关,又分为两类。

(1) 反抗性恒转矩负载

反抗性恒转矩负载的特点是负载转矩的大小不变,作用方向总是与运动方向相反,即转矩的性质是反抗运动的制动性转矩。属于这一类负载的生产机械有带式运输机、轧钢机、起重机的行走机构等。

从反抗性恒转矩负载的特点可知,当负载转速 $n_f > 0$ 时,负载转矩 $T_f > 0$;当 $n_f < 0$ 时,$T_f < 0$,其负载转矩特性位于第一与第三象限内,如图 3-2 所示。

(2) 位能性恒转矩负载

位能性恒转矩负载的特点是负载转矩的大小不变,作用方向也保持不变。典型的位能性负载是起重机的提升机构及矿井卷扬机。

从位能性恒转矩负载的特点可知,当 $n_f > 0$ 时,$T_f > 0$,转矩的性质是阻碍运动的制动性转矩;当 $n_f < 0$ 时,$T_f > 0$,转矩的性质是帮助运动的拖动性转矩。其负载转矩特性位于第一和第四象限内,如图 3-3 所示。

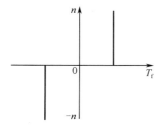
图 3-2 反抗性恒转矩负载特性

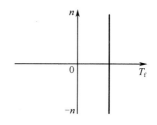
图 3-3 位能性恒转矩负载特性

2. 风机、泵类负载的转矩特性

属于风机、泵类负载的生产机械有水泵、油泵、鼓风机、液压泵等。这种负载的转矩基本上与 n^2 成正比,即

$$T_f \propto n^2$$

因此通风机型负载特性是一条抛物线,如图 3-4 所示。

3. 恒功率负载的转矩特性

某些生产机械,如车床,在粗加工时,切削量大,切削阻力也大,这时运转速度低;在精加工时,切削量小,切削阻力也小,这时运转速度高。因此,在不同转速下,T_f 与 n 基本上成反比,即

$$T_f = \frac{K}{n_f}$$

其切削功率 $P = T_f \Omega_f = T_f \dfrac{2\pi n_f}{60} = \dfrac{T_f n_f}{9.55} = \dfrac{K}{9.55} =$ 常数。

可见切削功率基本不变，T_f 与 n 成双曲线关系，如图 3-5 所示。

图 3-4　通风机型负载转矩特性

图 3-5　恒功率负载转矩特性

以上三类都是很典型的负载特性，实际负载可能是一种类型，也可能是几种类型的集合。

任务 3.2　三相交流异步电动机的应用

任务导入

交流异步电动机应用内容涉及交流电动机的起动、调速和制动。掌握三相交流异步电动机的起动、调速和制动，是保证各种生产机械设备准确和协调运行，是各项生产工艺要求得以满足，且工作安全可靠、实现自动化的重要途径。

知识准备

3.2.1　三相交流异步电动机的起动

三相异步电动机的起动是指转速从零开始到稳定运行为止的一个过渡过程。对三相异步电动机起动的一般要求：

（1）电动机的起动转矩要足够大，起动转矩必须大于负载转矩才能起动。起动转矩越大，加速越快，起动时间越短。

（2）在保证足够大起动转矩的情况下，起动电流越小越好。起动电流过大，会造成明显的电网电压降落，影响电网上其他电气设备的正常运行。

（3）起动所需要的设备应尽量简单、价格低廉、操作及维护方便。

（4）起动过程中的能量损耗越小越好。

在刚起动时，$s=1$，因此起动电流为

$$I_{s1} \approx I'_{s2} = \dfrac{U_1}{\sqrt{(r_1 + r'_2)^2 + (x_1 + x'_2)^2}} = \dfrac{U_1}{Z_k} \tag{3-2}$$

起动电流即堵转电流，数值很大，一般电动机起动电流可达到额定电流的4～7倍。对于容量较大的电动机，这样大的起动电流，一方面会使电源和线路上产生很大的压降，使在同一条供电母线上的其他用电设备受到冲击，如电灯会变暗，数控设备失常，正在运行的电动机转速下降，带着重载的电动机甚至会停下来，变电所的欠压保护可能会跳闸而造成停电事故。另一方面起动电流很大会引起电动机发热、绝缘老化，特别对频繁起动的电动机，发热更为厉害，甚至会烧毁电机。

起动电流大时，定子绕组阻抗压降变大，电压为定值，则感应电动势减小，主磁通 Φ 减小；又因为 $r_2' < x_2'$，起动时的功率因数 $\cos\varphi_2 = \dfrac{r_2'}{\sqrt{r_2'^2 + x_2'^2}}$ 很小，从转矩的物理表达式 $T = C_{Tj}\Phi I_2 \cos\varphi_2$ 可以看出，此时的起动转矩并不大。

可见，异步电动机在起动时存在着两种矛盾，即异步电动机的起动电流大，而供电线路承受冲击电流的能力有限；异步电动机的起动转矩小，而负载又要求有足够的转矩才能起动。因此，为了限制起动电流，并得到适当的起动转矩，根据电网容量和负载性质、电动机起动的频繁程度，对不同容量、不同类型的电动机要采用不同的起动方法。

1. 三相鼠笼式异步电动机的直接起动

直接起动也称全压起动，起动时将鼠笼式异步电动机的定子绕阻直接接到额定电压的电网上。起动时用刀开关、电磁起动器或接触器将电动机定子绕组直接接到电源上，其接线图如图3-6所示。

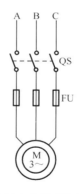

图3-6 异步电动机直接起动接线图

直接起动的优点：操作简单方便，设备便宜，便于维护，起动转矩大、起动快；缺点：起动电流太大，过大的起动电流会导致电网的波动及给电机本身带来不利的因素。电机能否直接起动取决于电网容量的大小。一般情况下，小型鼠笼式异步电动机如果电源容量足够大时，应尽量采用直接起动。对于某一电网，多大容量的电动机才允许直接起动，可用下面的经验公式来判断。

$$k_i = \frac{I_s}{I_N} \leqslant \frac{1}{4}\left[3 + \frac{电源容量（kV \cdot A）}{电动机容量（kW）}\right] \tag{3-3}$$

电动机的起动电流倍数 k_i 需符合式（3-3）中电网允许的起动电流倍数，才允许直接起动。一般小容量（10kW 以下）电动机都可以直接起动。需要注意的是，频繁起动的电动机不允许直接起动，应采取降压起动。

2. 三相鼠笼式异步电动机的降压起动

降压起动是利用起动设备将加在电动机定子绕组上的电源电压降低，起动结束后，通过切换操作，恢复其额定电压运行的起动方式。

降压起动的优点是降低了起动电流，使大容量的电动机起动满足了生产要求和电网要求，提高了使用寿命。缺点是由于电动机的转矩与电压的平方成正比，降压起动时，虽然起动电流减小，起动转矩也大大减小，带负载能力也下降，很难带额定负载起动。所以降压起动时，为了顺利起动并尽量缩短起动时间，电动机一般是空载或轻载起动。

（1）定子串接电抗器或电阻起动

起动时，电抗器或电阻接入定子电路；起动结束后，切除电抗器或电阻，进入正常运行，其接线如图 3-7 所示。

三相异步电动机定子串接电阻或电抗器降压起动时定子绕组实际所加电压降低，从而减小起动电流。定子绕组串电阻起动时，能耗较大，很不经济，适用于低压小功率电动机；定子绕组串电抗器起动主要用于高压大功率电动机。

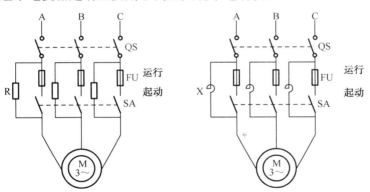

（a）定子回路串电阻降压起动　　（b）定子回路串电抗器降压起动

图 3-7　异步电动机定子串接电阻或电抗器降压起动接线图

（2）Y-△ 起动

起动时定子绕组接成 Y 形，运行时定子绕组则接成 △ 形，接线图如图 3-8 所示。对于运行时定子绕组为 Y 形的鼠笼式异步电动机，不能采用 Y-△ 起动方法。

Y-△ 起动时，起动电流 I'_s 与直接起动时的起动电流 I_s 的关系分析如下（注意：起动电流是指线路电流而不是指定子绕组的电流）。

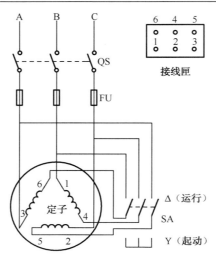

图 3-8 Y-Δ 降压起动原理接线图

电动机直接起动时，定子绕组 Δ 接法，每一相绕组起动电压大小为 $U_1 = U_N$，每相起动电流为 I_Δ，线上的起动电流为 $I_s = \sqrt{3} I_\Delta$。采用 Y-Δ 起动，起动时定子绕组 Y 接法，每相起动电压 $U_1' = \dfrac{U_1}{\sqrt{3}} = \dfrac{U_N}{\sqrt{3}}$，每相起动电流为 $\dfrac{I_Y}{I_\Delta} = \dfrac{U_1'}{U_1} = \dfrac{U_N/\sqrt{3}}{U_N} = \dfrac{1}{\sqrt{3}}$，线起动电流为 $I_s' = I_Y = \dfrac{1}{\sqrt{3}} I_\Delta$，于是有

$$\frac{I_s'}{I_s} = \frac{\frac{1}{\sqrt{3}} I_\Delta}{\sqrt{3} I_\Delta} = \frac{1}{3} \tag{3-4}$$

若直接起动时起动转矩为 T_s，Y-Δ 起动时起动转矩为 T_s'，则

$$\frac{T_s'}{T_s} = \left(\frac{U_1'}{U_1}\right)^2 = \frac{1}{3} \tag{3-5}$$

可见，Y-Δ 起动时，对供电变压器造成冲击的起动电流是直接起动时的 1/3，起动转矩也是直接起动时的 1/3。Y-Δ 起动的最大优点是起动设备简单、成本低，缺点是起动转矩只有直接起动时的 1/3，起动转矩降低很多，而且是不可调的，因此只能用于轻载或空载起动。

（3）自耦变压器（起动补偿器）降压起动

自耦变压器又称为起动补偿器，起动时电源接到自耦变压器的原边绕组，副边绕组接电动机。起动结束后电源直接加到电动机上，如图 3-9 所示。

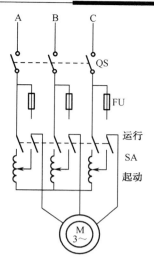

图 3-9 自耦变压器降压起动接线图

设自耦变压器的电压比为 $k=\dfrac{U_1}{U_2}$，经自耦变压器降压后，加在电动机两端的相电压 $U_2=\dfrac{U_1}{k}$，此时降压后电动机的起动电流 $I_{2s}=\dfrac{U_2}{Z_k}=\dfrac{U_1}{kZ_k}=\dfrac{I_s}{k}$（其中 I_s 为直接起动电流 $I_s=\dfrac{U_1}{Z_k}$，Z_k 为电动机的短路阻抗），由于电动机接在自耦变压器的二次侧，所以由电网提供的降压后的起动电流即为自耦变压器一次侧起动电流 $I'_s=I_{1s}$，根据 $k=\dfrac{I_{2s}}{I_{1s}}$，故电网提供的降压后的起动电流为

$$I'_s = I_{1s} = \dfrac{I_{2s}}{k} = \dfrac{I_s}{k^2}$$

即

$$\dfrac{I'_s}{I_s} = \dfrac{1}{k^2} \tag{3-6}$$

又因为 T 与 U^2 成正比，因此

$$\dfrac{T'_s}{T_s} = \left(\dfrac{U_2}{U_1}\right)^2 = \dfrac{1}{k^2} \tag{3-7}$$

式（3-6）、（3-7）表明，采用自耦变压器降压起动时，起动电流和起动转矩都降低到直接起动时的 $\dfrac{1}{k^2}$。自耦变压器上有几种抽头可供选择，如 QJ_3 型的三个抽头为 80%、60%、40%；QJ_2 型的三个抽头为 73%、64%、55%。当选抽头 60% 时，$\dfrac{1}{k}=0.6$，则降压起动时，从电网上吸收的电流为直接起动时的 $\dfrac{1}{k^2}=0.36$。

3. 高起动性能的特殊鼠笼式异步电动机

三相异步电动机的降压起动方法,在减小了起动电流的同时,都不同程度地降低了起动转矩,只适合空载或轻载起动。对于重载起动,特别是在要求起动过程很快的情况下,则需要起动转矩较大的异步电动机。由电磁转矩的参数表达式可以看出,增大转子电阻可以有效增大起动转矩。绕线式异步电动机可以在转子回路串接电阻,而鼠笼式异步电动机只能通过改进电机结构来增大起动时的转子回路电阻。

（1）转子电阻值较大的鼠笼式异步电动机

为了增大转子电阻,转子导条不是采用纯铝,而是改用电阻率较高的合金铝浇注,或者同时采用转子小槽、减小导条截面积来增加转子电阻。

转子电阻大,直接起动时的起动转矩就大,正常运行时的转差率比一般鼠笼式异步电动机高,故又称为高转差率鼠笼式异步电动机。但是转差率高,导致运行段机械特性变软,如图3-10所示,且正常运行时的损耗增大,运行效率降低。

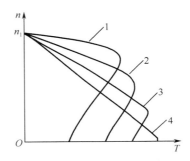

1—普通笼型；2—高转差率；3—起重冶金；4—力矩式

图 3-10 转子电阻较大的鼠笼式异步电动机机械特性

（2）深槽式鼠笼异步电动机

深槽式鼠笼电动机的转子槽深而窄,其深度与宽度之比为10～20或更大,而普通鼠笼式异步电动机的比值不超过5。当转子导条中流过电流时,槽漏磁通分布如图3-11（a）所示,导条槽底部分交链的漏磁通多,越接近槽口链的漏磁通越少；所以槽底部分漏电抗较大,槽口漏电抗较小,由于深度大,槽底与槽口的漏电抗相差很大。

刚起动时$s=1$,转子电流频率$f_2=sf_1=f_1$较高,转子漏电抗$x_2 \gg r_2$,在感应电动势E_2的作用下,转子电流此时主要由x_2决定。槽口与槽底的电抗相差大,转子导条内的电流分布极不均匀。槽底电抗大,电流小；槽口电抗小,电流大,导条内电流分布如图3-11（b）所示,图中j指电流密度,h指沿槽的高度。这种当频率较高时交流电流集中到导条槽口的现象称为集肤效应,相当于减小了导条的高度和截面,增大了转子电阻r_2,即限制了电动机的起动电流,又增加了起动转矩,如图3-11（c）所示。随着转速升高,s减小,此时$f_2=sf_1$很小,转子漏电抗$x_{2s} = sx_2 \ll r_2$,电抗很小,转子电流就由r_2决定。导条内的电阻是均匀分布的,所以此时电流也均匀分布,集肤效应消失,转子电阻为正常值（较小）,电动机正常运行。电机的运行效率不会降低,但由于转子槽漏电抗较大,因此功率因数及过载能力稍小,如图3-12所示。

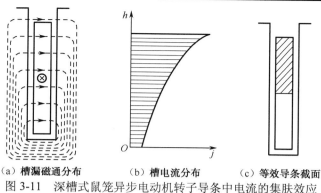

(a) 槽漏磁通分布　　(b) 槽电流分布　　(c) 等效导条截面

图 3-11　深槽式鼠笼异步电动机转子导条中电流的集肤效应

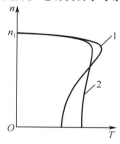

1—普通笼型；2—深槽式笼型

图 3-12　深槽式鼠笼异步电动机的机械特性

（3）双鼠笼异步电动机

双鼠笼异步电动机的转子上有两套笼，如图 3-13 所示，外笼导条截面积小，材料为电阻系数较大的黄铜，内笼导条截面积大，用电阻系数较小的紫铜制成。起动时，$s=1$，$f_2=sf_1$ 很大，转子电流的分配主要取决于 x_2。根据漏磁通的分布得知，外笼电抗小，内笼电抗大，即为集肤效应，电流大部分从外笼通过，外笼的电阻大，产生的压降大，同时也产生较大的起动转矩，外笼又称起动笼；正常运行时，$f_2=sf_1$ 很小，电流主要由电阻决定，于是大部分电流从电阻较小的内笼通过，使电机能正常运行，内笼又称运行笼。外笼、内笼各自的机械特性如图 3-14 所示。

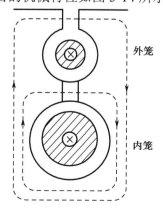

图 3-13　双鼠笼异步电动机转子

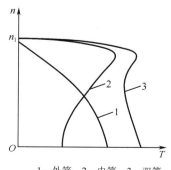

1—外笼；2—内笼；3—双笼

图 3-14　双鼠笼异步电动机的机械特性

双鼠笼式异步电动机的起动转矩较大,由于双笼转子比普通转子漏电抗大,功率因数稍低,但效率相差不多。由于不像深槽式异步电动机转子槽很深,因此双笼转子比深槽转子机械强度更好,适用于高转速大容量的电机。

4. 三相绕线式异步电动机起动

绕线式异步电动机转子回路中可以接入附加电阻或交流电动势。利用这一特点,起动时,在每相转子回路中串入适当的附加电阻,既可以减小堵转电流,又可以增加主磁通,提高转子功率因数,从而增大堵转转矩。

（1）转子串频敏变阻器起动

频敏变阻器的结构特点：它是一个三相铁芯线圈,其铁芯不用硅钢片而用厚钢板叠成。铁芯中产生涡流损耗和一部分磁滞损耗,铁芯损耗相当于一个等值电阻 r_m,其线圈又是一个电抗,故电阻和电抗都随频率变化而变化,因此称为频敏器,如图 3-15 所示。

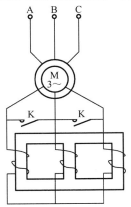

图 3-15 异步电动机串频敏变阻器起动

起动时,$s=1$,转子电流频率 $f_2=sf_1$ 最大,此时铁芯中与频率平方成正比的涡流损耗达到最大,铁损耗也最大,r_m 也最大,相当于转子回路串入一个较大的电阻,既限制了起动电流,增大起动转矩,又提高了转子回路的功率因数；起动后,r_m 随着 s 的减小而减小,相当于在起动过程中逐渐切除转子回路电阻；起动结束后,频敏变阻器基本不起作用,因此切除频敏电阻,转子电路直接短路。

由于绕线式异步电动机串频敏变阻器起动具有结构简单、运行可靠、价格便宜、维护方便、能自动操作等优点,因此目前获得了十分广泛的应用。

（2）转子串电阻分级起动

起动时,在转子回路串接起动电阻器,借以提高起动转矩,同时因转子电阻增大也限制了起动电流；起动结束后,切除转子所串的电阻。为了在整个起动过程中得到比较大的起动转矩,需分几级切除起动电阻,起动接线图和特性曲线如图 3-16 所示。

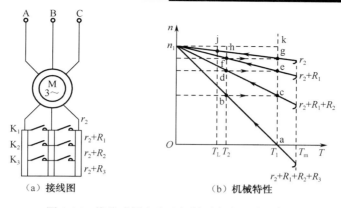

图 3-16 绕线式异步电动机转子串电阻分级起动

图中，通过接触器 K_3、K_2、K_1 依次闭合将外串转子电阻 R_3、R_2、R_1 依次短路切除，完成整个起动过程。刚开始起动时，接触器 K_3、K_2、K_1 均断开，此时拖动系统的工作点位于 a 点。由于 a 点的电磁转矩（即起动转矩）$T_{(a)} = T_s = T_1 > T_L$，拖动系统将沿 ab 加速。至 b 点时，$K_3$ 闭合将 R_3 切除。在 K_3 闭合的瞬间，由于机械惯性转速 n 来不及变化，运行点由 b 点移至 c 点，并沿 cd 加速。重复上述类似过程，最终，拖动系统将沿 ghj 升速，并稳定运行在 j 点，此时，$T_{(j)} = T_L$，起动过程结束。

绕线式异步电动机采用转子串接电阻分级起动方法，既可以产生较大的起动转矩，又可减小起动电流，转子串接的分级电阻还可以用来调节转速。因此在对起动性能要求高的场合，如起重机械、球磨机、矿井提升机等，经常采用绕线式异步电动机。

3.2.2 三相交流异步电动机的调速

近年来，随着电力电子技术的发展，异步电动机的调速性能大有改善，交流调速应用日益广泛，在许多领域有取代直流调速系统的趋势。

三相异步电动机的转子转速可由下式给出：$n = n_1(1-s) = \dfrac{60 f_1}{p}(1-s)$，由此三相异步电动机的调速方法大致可分为以下三大类：

（1）改变定子绕组的磁极对数 p——变极调速；
（2）改变供电电网的频率 f_1——变频调速；
（3）改变电机的转差率 s——变转差率调速。

其中，改变转差率的调速方法有：
① 改变定子电压的调压调速；
② 绕线式异步电动机的转子串电阻调速；
③ 电磁离合器调速；
④ 绕线式异步电动机的串级调速。

1. 变极调速

在电源频率 f_1 不变的条件下，改变电动机的极对数 p，电动机的同步转速 n_1 就会发生变化，从而改变电动机的转速。若极对数减少一半，同步转速就提高一倍，电动机转速也几乎升高一倍。

通常采用改变定子绕组的接法来改变极对数，这种电动机称为多速电动机。

如图 3-17 所示的电动机定子每相绕组都由两个半相绕组组成（以 A 相为例），当它们两个半相 a_1x_1 和 a_2x_2 头尾相串时为顺串，形成一个 $2p=4$ 极磁场。a_1x_1 的尾 x_1 与 a_2x_2 的尾 x_2 相连，如图 3-18 所示，a_1x_1 的头 a_1 与 a_2x_2 的尾 x_2 相并，a_1x_1 的尾 x_1 与 a_2x_2 的头 a_2 相并，即头尾相反并联时，就形成 $2p=2$ 极磁场。可见，只要将组成一相的两个半相绕组中的任一半相绕组的电流反向，就可以使磁场极数相应增加（顺串）一倍或减小（反串或反并）一半。

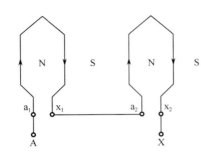
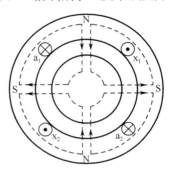

图 3-17　三相四极电动机定子 A 相绕组（$2p=4$）

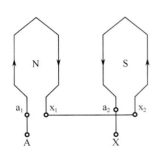
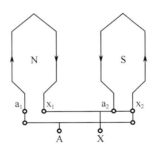
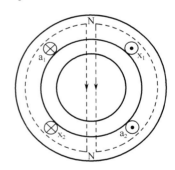

图 3-18　三相二极电动机定子 A 相绕组（$2p=2$）

目前，我国多极电动机定子绕组连接方式有（Y，YY）和（△，YY）两种，如图 3-19、图 3-20 所示。这两种接线方式都是使每相的一半绕组内的电流改变方向，因而定子磁场的极对数减少一半。

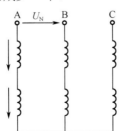
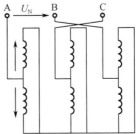

图 3-19　异步电动机（Y，YY）变极调速接线

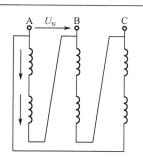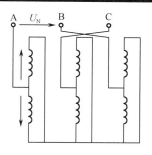

图 3-20 异步电动机（△，YY）变极调速接线

必须指出，当改变定子绕组接线时，必须同时改变定子绕组的相序（对调任意两相绕组出线端），才能保证调速前后电动机的转向不变。变极调速所需设备简单、体积小、重量轻，但电机绕组引出头较多，调速级数少，级差大，不能实现无级调速。

变极调速通常利用改变定子绕组接法来改变极数，且只有当定、转子极数相等时才能产生恒定的电磁转矩，因此在改变定子极数的同时，必须改变转子的极数，而鼠笼式电动机的转子极数能自动跟随定子极数的变化，所以，变极调速只适用于鼠笼式异步电动机。

2. 变频调速

三相异步电动机同步转速为 $n_1 = \dfrac{60 f_1}{p}$，因此，改变三相异步电动机电源频率 f_1，可以改变旋转磁通势的同步转速，达到调速的目的。

（1）变频调速的条件

由三相异步电动机定子电动势方程式 $U_1 \approx E_1 = 4.44 f_1 N_1 k_{dp1} \Phi$ 可看出，当降低电源频率 f_1 调速时，则磁通 Φ 将增加，使铁芯饱和，从而导致励磁电流和铁损耗的大量增加，电机温升过高，这是不允许的。因此，在变频调速的同时，为保持磁通 Φ 不变，就必须降低电源电压，使 $\dfrac{U_1}{f_1}$ 或 $\dfrac{E_1}{f_1}$ 为常数。额定频率称为基频，变频调速时，可以从基频向上调，也可以从基频向下调。

（2）由基频向下变频调速

① 保持 $\dfrac{E_1}{f_1}$ 为常数，降频调速。

降低电源频率 f_1 调速时，保持 $\dfrac{E_1}{f_1}$ 为常数，则磁通 Φ 为常数，这是恒磁通控制方式。此时电动机的电磁转矩为

$$T = \frac{P_M}{\Omega_1} = \frac{3 I_2'^2 (r_2'/s)}{2\pi n_1/60} = \frac{3p}{2\pi}\left(\frac{E_1}{f_1}\right)^2 \frac{(sf_1)r_2'}{r_2'^2 + (2\pi)^2 (sf_1)^2 L_2^2} \tag{3-8}$$

上式为保持 $\dfrac{E_1}{f_1}$ 不变的变频调速机械特性方程式。

将式（3-8）对 s 求导，并令 $\dfrac{\mathrm{d}T}{\mathrm{d}s}=0$，得最大电磁转矩 T_m 和临界转差率 s_m 为

$$T_\mathrm{m}=\dfrac{3p}{2\pi}\left(\dfrac{E_1}{f_1}\right)^2\dfrac{1}{4\pi L_2'} \tag{3-9}$$

$$s_\mathrm{m}=\dfrac{r_2'}{2\pi f_1 L_2'} \tag{3-10}$$

最大电磁转矩处的转速降 Δn_m 为

$$\Delta n_\mathrm{m}=s_\mathrm{m}n_1=\dfrac{r_2'}{2\pi f_1 L_2'}\dfrac{60 f_1}{p}=\dfrac{30 r_2'}{\pi p L_2'} \tag{3-11}$$

可见，改变频率 f_1 时，若保持 $\dfrac{E_1}{f_1}$ 不变，T_m 和 Δn_m 与 f_1 无关，T_m 和 Δn_m 均为常数，各条机械特性曲线工作段相互平行，硬度相同。由式（3-8）绘制的机械特性曲线如图3-21所示。

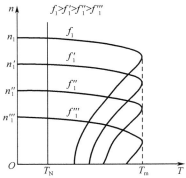

图3-21 保持 $\dfrac{E_1}{f_1}$ 为常数时的变频调速机械特性

这种调速方法的优点：机械特性较硬；在一定静差率下调速范围宽；低速运行时稳定性好；可实现无级调速，调速平滑性好；正常运行时转差率 s 较小，转差功率 sP_M 小，效率 η 高。同时从式（3-8）可以看出，调速过程中，sf_1 保持不变，可以保证输出电磁转矩 T 为常数，因此该调速方法属于恒转矩调速方式。

② 保持 $\dfrac{U_1}{f_1}$ 为常数，降频调速。

由于异步电动机的感应电动势难以直接控制，当电动势较高时，可忽略定子阻抗压降，认为 $U_1\approx E_1$，保持 $\dfrac{U_1}{f_1}$ 为常数，此时磁通 Φ 近似为常数，电动机的电磁转矩为

$$T = \frac{3pU_1^2 r_2'/s}{2\pi f_1[(r_1 + r_2'/s)^2 + (x_1 + x_2')^2]}$$

$$= \frac{3p}{2\pi}\left(\frac{U_1}{f_1}\right)^2 \frac{(sf_1)r_2'}{(sr_1 + r_2')^2 + (2\pi)^2(sf_1)^2(L_1 + L_2')^2} \tag{3-12}$$

最大电磁转矩 T_m 和临界转差率 s_m 为

$$T_m = \frac{3p}{4\pi}\left(\frac{U_1}{f_1}\right)^2 \frac{1}{r_1/f_1 + \sqrt{(r_1/f_1)^2 + (2\pi)^2(L_1 + L_2')^2}} \tag{3-13}$$

$$s_m = \frac{r_2'}{\sqrt{r_1^2 + (2\pi f_1)^2(L_1 + L_2')^2}} \tag{3-14}$$

可见，最大电磁转矩 T_m 随着 f_1 的降低而减小，特别是在低频低速时的最大电磁转矩 T_m 明显减小。根据式（3-12）绘制的机械特性如图 3-22 所示。

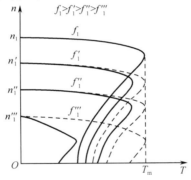

图 3-22 保持 $\dfrac{U_1}{f_1}$ 为常数时的变频调速机械特性

其中虚线部分是保持 $\dfrac{E_1}{f_1}$ 为常数时的机械特性，通过比较分析可知，保持 $\dfrac{U_1}{f_1}$ 为常数的机械特性在低频运行时，T_m 下降很多，电动机的机械性能变差，可能会带不动负载。

由于 $\dfrac{U_1}{f_1}$ 为常数，磁通 Φ 近似为常数，这种调速方法属于近似的恒转矩调速方式。

（3）由基频向上变频调速

由基频向上变频调速时，$f_1 > f_{1N}$，要保持磁通 Φ 恒定，定子电压需要高于额定值，而升高电源电压是不允许的，因此升高频率向上调速时，只能保持电压为 U_{1N} 不变，频率越高，磁通 Φ 越低，是一种降低磁通升速的方法。

最大电磁转矩 T_m 和临界转差率 s_m 为

$$T_m = \frac{3p}{4\pi f_1}\frac{U_1^2}{[r_1 + \sqrt{r_1^2 + (x_1 + x_2')^2}]} \approx \frac{3pU_1^2}{4\pi f_1}\frac{1}{2\pi f_1(L_1 + L_2')} \infty \frac{1}{f_1^2} \tag{3-15}$$

$$s_m = \frac{r_2'}{\sqrt{r_1^2 + (x_1 + x_2')^2}} \approx \frac{r_2'}{x_1 + x_2'} = \frac{r_2'}{2\pi f_1 (L_1 + L_2')} \infty \frac{1}{f_1} \quad (3\text{-}16)$$

最大转矩对应的转速降落为

$$\Delta n_m = s_m n_1 \approx \frac{r_2'}{2\pi f_1 (L_1 + L_2')} \frac{60 f_1}{p} \quad (3\text{-}17)$$

可见，f_1 越高，T_m 和 s_m 越小，Δn_m 不变，各机械特性运行段近似平行，如图 3-23 所示。

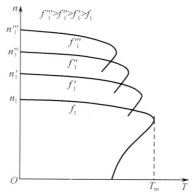

图 3-23 保持 U_{1N} 时，升频调速时的机械特性

正常运行时，转差率 s 很小，r_2'/s 比 r_1 及 $x_1 + x_2'$ 都大很多，将后者忽略，电磁功率可表示为

$$P_M = 3I_2'^2 \frac{r_2'}{s} = 3\left[\frac{U_1}{\sqrt{(r_1 + r_2'/s)^2 + (x_1 + x_2')^2}}\right]^2 \frac{r_2'}{s} \approx \frac{3U_1^2 s}{r_2'} \quad (3\text{-}18)$$

运行时若 U_1 保持额定不变，则不同频率下 s 的变化不大，因此 $P_M \approx$ 常数，可近似看成恒功率调速方式。

（4）变频调速的特点

① 变频调速设备结构复杂，价格较贵，容量有限。但随着电力电子技术的发展，变频器向着简单可靠、性能优异、价格便宜、操作方便等趋势发展。

② 变频调速具有机械特性较硬、转速稳定性好、调速范围大、平滑性高等特点，可实现无级调速。

③ 变频调速时，转差率 s 较小，转差功率损耗 sP_M 较小，效率 η 较高。

④ 变频调速器已广泛用于生产机械等很多领域，如电动车的交流传动，轧钢机、球磨机、鼓风机及纺织机械等工业设备中。

近几年来，随着控制理论、电力电子和微处理器技术等相关理论和技术的发展，人们在变频调速的基础上进一步探索出具有更高性能的变频调速理论和方法，如矢量控制、直接转矩控制及其他各种非线性控制策略，从而大大提高了交流电动机的性能，使得交流调速系统的性能完全可以和直流调速系统相媲美，相信变频调速将会得到更大的发展。

3. 变转差率调速

（1）改变电源电压调速

改变电源电压调速的方法主要应用于鼠笼式异步电动机。调压调速的机械特性如图 3-24（a）所示，若电动机拖动恒转矩负载 T_L 时，降低定子电压，转速从 n_A 变为 n_B 或 n_C，由图可知，转速变化范围很小。若电动机拖动风机类负载时，由图可知，电动机分别稳定运行于 A′、B′、C′ 点，调速范围比恒转矩负载的调速范围宽。但同时也要注意长时间在 C′ 点运行时由于转差率较大而存在的过电流和功率因数较低的问题。故要求电动机拖动恒转矩负载且调速范围较宽，则应选用转子电阻较大的高转差率鼠笼式异步电动机，其降低定子电压时的机械特性如图 3-24（b）所示。从图可知，定子电压降低时，机械特性变得很软，静差率大，转速的相对稳定性差，即当电机负载或电源电压稍有波动，都会使转速发生很大的变化。故现代的调压调速通常采用速度负反馈闭环调压调速，以提高低速时机械特性硬度，保证电动机具有一定的过载能力，但损耗比较大。

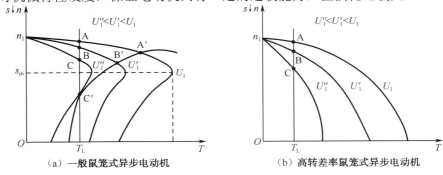

图 3-24 三相异步电动机的调压调速的机械特性

调压调速既非恒转矩调速，也非恒功率调速，它适用于转矩随转速降低而减小的负载（如通风机负载），也可用于恒转矩负载，不适用于恒功率负载。

（2）转子串电阻调速

该方法只适用于绕线式异步电动机。绕线式异步电动机转子串电阻的机械特性如图 3-25 所示。转子串电阻时最大电磁转矩不变，临界转差率加大。转子所串电阻越大，运行段特性斜率越大，拖动系统转速越低。

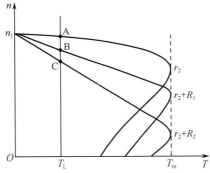

图 3-25 绕线式异步电动机转子串电阻调速的机械特性

根据电磁转矩参数表达式，当 T 为常数且电压不变时，有

$$\frac{r_2}{s} = \frac{r_2 + R}{s'} \approx 常数 \qquad (3-19)$$

因而绕线式异步电动机转子串电阻调速时调速电阻的计算公式为

$$R = \left(\frac{s'}{s} - 1\right) r_2 \qquad (3-20)$$

式中，s 为转子串电阻前电动机运行的转差率；s' 为转子串入电阻 R 后新稳态时电动机的转差率；r_2 为转子每相绕组电阻，$r_2 = \frac{s_N E_{2N}}{\sqrt{3} I_{2N}}$。

如果已知转子串入的电阻值，要求调速后的电动机转速，则只要将式（3-19）稍加转换，先求出 s'，再求出转速 n。

这种调速方法优点是设备简单，容易实现，但它是有级调速，不平滑。由于在异步电动机中满足关系式 $P_M : P_m : p_{Cu2} = 1 : (1-s) : s$，因此，转速越低，转差率 s 越大，相应的转子损耗 $p_{Cu2} = sP_M$ 随之增大，运行效率低，机械特性变软，即低速时静差率也较大。这种调速方法应用于对调速精度要求不高的恒转矩负载上。

（3）串级调速

由于上述转子回路串电阻调速方法在低速时产生较大的转差功耗，为了充分利用这部分功率，采用在转子电路串接一个三相对称的附加电动势 E_{ad} 的方法，如图 3-26 所示。其频率与转子电动势的频率相同，通过改变 E_{ad} 幅值的大小和相位可以实现调速。这一装置使电动机在低速运行时转子中的转差功率大部分被附加电动势吸收，并反馈回电网，提高了电动机的效率。

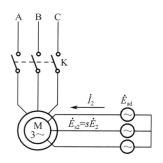

图 3-26　转子串 E_{ad} 的串级调速原理图

调速原理：未串 E_{ad} 时，转子电流 $I_2 = \frac{sE_2}{\sqrt{r_2^2 + (sx_2)^2}}$，当转子串入的 E_{ad} 与 E_{s2} 方向相反时，转子电流为 $I_2 = \frac{sE_2 - E_{ad}}{\sqrt{r_2^2 + (sx_2)^2}}$，$I_2$ 减小，但由于 U_N 不变，使磁通 Φ 也不变，故电磁转矩 $T = C_{Tj} \Phi I_2 \cos\varphi_2$ 随着 I_2 的减小而减小，电动机减速，转差率 s 增大，从而使转

子电流回升,直到电动机转速降到某一数值,即电磁转矩等于负载转矩,减速过程结束,电动机在该低速下稳定运行。

当转子串入的 E_{ad} 与 E_{s2} 同相位,则转子电流 $I_2 = \dfrac{sE_2 + E_{ad}}{\sqrt{r_2^2 + (sx_2)^2}}$ 增大,电磁转矩 $T = C_{Tj}\Phi I_2 \cos\varphi_2$ 增大,转速上升,同时 s 减小,随着 s 减小,转子电流 I_2 减小,电磁转矩 T 减小,直到 T 恢复到与负载转矩平衡,升速过程结束,电动机在该高速下稳定运行。

由上可知,E_{ad} 与 E_{s2} 反相位时,可使电动机在同步转速下调速,称为低同步串级调速,这时 E_{ad} 装置吸收的电能回馈到电网;当 E_{ad} 与 E_{s2} 同相位时,可使电动机朝着同步转速调速甚至超过同步转速调速,称为超同步串级调速,这时 E_{ad} 装置向转子电路输入电能。串级调速的性能比较好,但 E_{ad} 的装置比较复杂,成本比较高,一般适用于大功率调速系统。

串级调速的特点:①可以把大部分转差功率回馈电网,运行效率较高;②机械特性较硬,调速范围较大,可实现无级调速,调速平滑性较好;③调速设备结构复杂,成本高,国内应用较多的是次同步串级调速系统;④低速时过载能力较差,系统总功率因数不高;⑤广泛用于风机、泵类、空气压缩机及恒转矩负载上。

【例3-1】一台三相绕线型异步电动机,转子绕组为Y形连接,铭牌数据为:$P_N = 75\text{kW}$,$U_N = 380\text{V}$,$I_N = 148\text{A}$,$n_N = 720\text{r/min}$,$E_{2N} = 213\text{V}$,$I_{2N} = 220\text{A}$,$f_1 = 50\text{Hz}$,过载能力 $\lambda_m = 2.4$,拖动 $T_L = 0.85T_N$ 的恒转矩负载时,要求电机运行在 $n = 540\text{r/min}$。(1)若采用转子串接电阻调速,求每相应串入的电阻值;(2)若采用改变定子电压调速,求定子电压应是多少;(3)若采用变频调速,保持 $\dfrac{U}{f}$ 为常数,求频率与电压。

解:

(1)额定转差率 $s_N = \dfrac{n_1 - n_N}{n_1} = \dfrac{750 - 720}{750} = 0.04$

固有临界转差率为

$$s_m = s_N\left(\lambda_m \pm \sqrt{\lambda_m^2 - 1}\right) = 0.04 \times \left(2.4 + \sqrt{2.4^2 - 1}\right) = 0.183$$

转子每相电阻为

$$r_2 = \dfrac{s_N E_{2N}}{\sqrt{3} I_{2N}} = \dfrac{0.04 \times 213}{\sqrt{3} \times 220} = 0.0224\Omega$$

$n = 540\text{r/min}$ 时的转差率为

$$s' = \dfrac{n_1 - n}{n_1} = \dfrac{750 - 540}{750} = 0.28$$

设串电阻后产生最大电磁转矩时的临界转差率为 s'_m,则

$$s'_m = s'\left(\lambda_m \dfrac{T_N}{T} \pm \sqrt{\lambda_m^2\left(\dfrac{T_N}{T}\right)^2 - 1}\right) = 0.28 \times \left(\dfrac{2.4T_N}{0.85T_N} \pm \sqrt{\left(\dfrac{2.4T_N}{0.85T_N}\right)^2 - 1}\right) = 1.35$$

（其中 $s'_m = 0.05 < s'$ 不合理，舍去）

转子回路每相串入电阻值为 R，则

$$\frac{r_2 + R}{r_2} = \frac{s'_m}{s_m}$$

$$R = \left(\frac{s'_m}{s_m} - 1\right)r_2 = \left(\frac{1.53}{0.183} - 1\right) \times 0.0224 = 0.165\Omega$$

（2）改变定子电压调速时，s_m 不变，$s' > s_m$，因此不能运行，故不能用。

（3）变频调速 $\frac{U}{f}$ 为常数时，$T_L = 0.85T_N$ 在固有机械特性上运行的转差率 s，可用转矩实用公式求得

$$T_L = \frac{2\lambda_m T_N}{\frac{s}{s_m} + \frac{s_m}{s}}$$

代入数据：

$$0.85T_N = \frac{2 \times 2.4 T_N}{\frac{s}{0.183} + \frac{0.183}{s}}$$

解得 $s=0.033$（另一个值不符条件，故舍去）。
则运行时的转速降落为

$$\Delta n = s n_1 = 0.033 \times 750 = 25 \text{r/min}$$

变频调速后的同步转速为

$$n'_1 = n + \Delta n = 540 + 25 = 565 \text{r/min}$$

变频调速的频率为

$$f'_1 = \frac{n'_1}{n_1} f_1 = \frac{565}{750} \times 50 = 37.67 \text{Hz}$$

变频调速后的电压为

$$U'_1 = \frac{f'_1}{f_1} U_N = \frac{565}{750} \times 380 = 286.3 \text{V}$$

3.2.3 三相交流异步电动机的制动

为了满足不同生产机械对电力拖动的要求，应分析各种运行状态，三相异步电动机的制动状态是指电动机的电磁转矩与转速反向时的状态。

从前面对三相交流电动机的原理分析可知：①电磁转矩 T 与转速 n 方向一致，电机处于电动状态，此时电磁转矩为驱动转矩，电机从电源吸收电功率，输出机械功率，其机械特性在第一、三象限，如图 3-27 所示。②电磁转矩 T 与转速 n 方向相反，电机处于制动状态，此时电磁转矩为制动转矩，从电机轴上输入的机械功率转换为电功率，消耗在转子电阻或回馈到电网中去，其机械特性在第二、四象限。

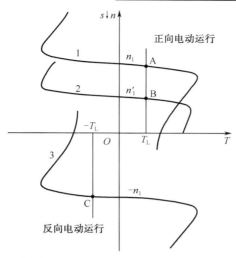

1—固有机械特性；2—降低电源频率的人为机械特性；3—电源相序为负序时的固有机械特性

图 3-27　三相异步电动机电动运行的机械特性

三相异步电动机的制动方法有两类：机械制动和电气制动。机械制动是利用机械装置（如电磁抱闸机构）来使电动机迅速停止转动，常用于起重机械设备上。电气制动是使异步电动机产生的电磁转矩的方向和电动机转子的旋转方向相反，电气制动通常分为能耗制动、反接制动和回馈制动。

1. 能耗制动

三相异步电动机在能耗制动时，通常的做法是将所要制动异步电动机的定子绕组迅速从电网上断开，同时将其切换至直流电源上。通过给定子绕组加入直流励磁电流建立恒定磁场，旋转的转子和恒定磁场之间相互作用，便产生具有制动性的电磁转矩，从而确保拖动系统快速停车或使位能性负载匀速下放，其原理图如图 3-28 所示。

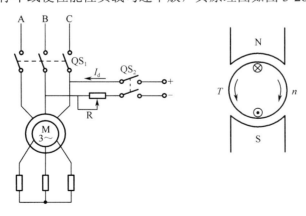

图 3-28　能耗制动原理图

制动时将 QS_1 断开，电动机脱离电网，而 QS_2 闭合，在定子绕组中通入直流电流 I_d，使定子绕组产生一个恒定的磁场，转子由于机械惯性作用切割该磁场，方向仍为原来的转速方向。转子导条切割恒定磁场而产生感应电动势 E_2 和转子电流 I_2，转子电流 I_2 与磁场相作用产生的电磁转矩的方向与转速方向相反，为制动转矩，起制动作用，转速一直下降到零，制动过程结束。在该过程中，转子的动能释放，把电能消耗在转子回路电阻上，所以称为能耗制动。

能耗制动过程从能量传递的角度来说，相当于一台交流发电机，其机械特性曲线经过原点，如图 3-29 所示。图中曲线 1 与曲线 3 具有相同的直流磁电流 I_d，但曲线 3 的初始制动转矩比曲线 1 大，所以曲线 3 的转子电阻比曲线 1 大。曲线 1 与曲线 2 具有相同的临界转差率，所以两曲线的转子电阻相同，但曲线 1 的最大制动转矩比曲线 2 大，所以曲线 1 的直流励磁电流 I_d 比曲线 2 大。因而对笼型电动机而言，可以用增加直流励磁电流的方法增大制动转矩；而对绕线式电动机而言，可以用增加转子电阻的方法增大制动转矩。

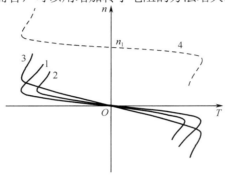

图 3-29 异步电动机能耗制动机械特性

电动状态与能耗制动状态的机械特性虽然形式相同，但二者有本质区别：①电动状态时，合成磁场是转速为同步转速 n_1 的旋转磁场，合成磁通近似不变；能耗制动磁场静止不动，磁通量正比于直流电流 I_d。②电动状态时，定子电流 I_1 随转差率 s 变化；能耗制动的 I_d 与能耗制动转差率 s_v 无关，为定值。③电动状态时，特性曲线均通过同步转速点；能耗制动时特性曲线均通过原点。

三相异步电动机工作在电动运行状态时，采用能耗制动停车，电动机的运行过程如图 3-30 所示。

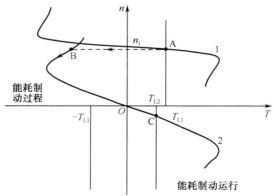

1—固有机械特性；2—能耗制动机械特性

图 3-30 电动机不同负载时的能耗制动过程

反抗性负载可采用能耗制动实现快速、准确停车。能耗制动切换瞬间，由于惯性，电动机转速不会突变，电动机从正常电动运行工作点 A 过渡到能耗制动特性曲线 2 上的工作点 B，然后沿箭头方向运行到原点，电动机转速降为零，制动过程结束。

对于位能性负载，当运行到原点时，电机在位能性负载转矩的作用下，带动电机反转，沿图中箭头方向运行，直至工作点 C，电机稳速运行，此时 $T_C = T_{L2}$，位能性负载以速度 $|n_C|$ 稳速下放。此时电动机轴上输入的机械功率靠重物下降时减少的位能提供，转换为电功率后消耗在转子回路中。

2. 反接制动

电动机反接制动有两种，一是在电动状态下突然将电源反接，改变定子旋转磁场的方向，从而使转子旋转方向与定子磁场的旋转方向相反，称为电源反接制动，如图 3-31 所示。二是保持定子磁场的转向不变，转子在位能负载的作用下进入倒拉反转，使转子的转向与定子旋转磁场的方向相反，称为倒拉反转反接制动。

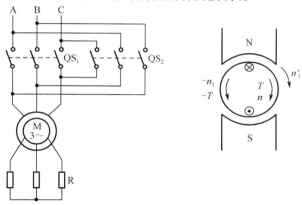

图 3-31 异步电动机电源反接制动图

（1）电源反接制动

电动机固有机械特性如图 3-32 的曲线 1 所示，反接制动时，转子回路串接电阻 R，电动机的机械特性由曲线 1 改变成曲线 4（如果串接电阻 R 足够大，则变为曲线 3），工作点从原来的 A 点平移到 B 点，有 $n_A = n_B$，这时系统在制动的电磁转矩和负载转矩共同作用下减速，直至转速为零，即曲线 4 上的工作点 D（或曲线 3 上的工作点 C）。

如拖动系统带的是反抗性负载，则当转速为零后，需要比较此时的电磁转矩 T（T_C 或者 T_D）与 T_L 的大小，若 $|T| < |T_L|$，则系统不会反向起动；若 $|T| > |T_L|$，则电机进入反向电动状态，稳定运行在反向电动状态，如图 3-32 所示的曲线 4 的工作点 D→E。如果拖动的是位能性负载，则当转速为零后，在位能性负载的作用下，电机将一直反向加速到第四象限中的 F 点后稳定运行，这时电动机的转速高于同步转速，进入回馈制动状态，所以，如要在 D（或 C）点停止，此时必须抱闸。图 3-32 所示的几种可能的运行情况分析如下：

① 对反抗性负载，$|T_C| < |T_L|$，A→B→C，电机停车。

② 对反抗性负载，$|T_D|>|T_L|$，A→B→D→E，$T_E=T_L$，电机反向电动运行于工作点 E。

③ 对位能性负载，A→B→D→E→F，$T_F=T_L$，电机回馈制动运行于工作点 F。

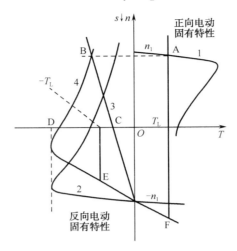

图 3-32　异步电动机电源反接制动机械特性

（2）倒拉反转反接制动

三相异步电动机拖动位能性负载运行时，在其转子回路中串入较大的电阻，电动机的机械特性如图 3-33 所示，由原来的 A 点平移到 B 点，电动机的电磁转矩 T 下降，使 $T<T_L$，电动机沿着曲线 2 由 B 点向 C 点提升重物转速变小，到达 C 点时，转速变为零，对应的电磁转矩仍小于 T_L。此时负载转矩方向未变，电机进入反向转动过程，负载转矩为拖动转矩，要把由原来的 $n>0$ 上升过程变为 $n<0$ 的下降过程，由于负载转矩始终大于电磁转矩，使转子反向加速，直至 D 点处即 $T=T_L$，重物才稳定下降。因这是由于重物倒拉引起的，又因为转速反向（$n<0$），所以称为倒拉反转反接制动。

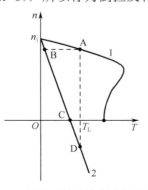

图 3-33　倒拉反转反接制动机械特性

以上两种方法具有一个相同的特点，电源反接制动时 n 为正，n_1 为负，$s=\dfrac{-n_1-n}{-n_1}>1$，

倒拉反转反接制动 n 为负，n_1 为正，$s = \dfrac{n_1-(-n)}{n_1} > 1$，即转差率 s 大于 1。从异步电动机的等效电路中表示的机械负载的等效电阻 $\dfrac{1-s}{s} r_2' < 0$，其机械功率 $P_m = m_1 I_2'^2 \dfrac{1-s}{s} r_2' < 0$，而定子传递到转子的电磁功率 $P_M = m_1 I_2'^2 \dfrac{r_2'}{s} > 0$。$P_m < 0$ 表示电动机从轴上吸收机械功率，$P_M > 0$ 表示电动机从电网吸收电功率，并由定子通过转轴向转子传递，这种能量汇合起来全部用于转子回路的铜耗上，所以反接制动的能量损耗损失很大。

3. 回馈制动

回馈制动的方法：电机在外力（如起重机下放重物）作用下，其转速超过旋转磁场的同步转速，如图 3-34 所示。起重机下放重物，在下放开始时，$n<n_1$，电机处于电动状态。在位能转矩作用下，电机的转速大于同步转速时，转子中感应电动势、电流和转矩的方向都发生了变化。转矩方向与转子转向相反，成为制动转矩。此时，电机将机械能转变为电能馈送电网，所以称为回馈制动。

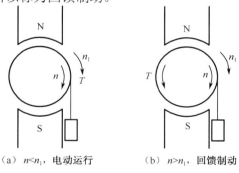

（a）$n<n_1$，电动运行　　（b）$n>n_1$，回馈制动

图 3-34　回馈制动原理图

当电机处于电动状态时，其转轴受到原动机的驱动使转子转速 n 增加直至 $n>n_1$，即 $s = \dfrac{n_1-n}{n_1} < 0$，从而得定子到转子的电磁功率为

$$P_M = m_1 I_2'^2 \dfrac{r_2'}{s} < 0 \qquad (3\text{-}21)$$

电动机输出的机械功率为

$$P_m = m_1 I_2'^2 \dfrac{1-s}{s} r_2' < 0 \qquad (3\text{-}22)$$

由上面两式可知，系统实际上减少了动能而向电动机传送机械功率，扣除了转子电路的铜耗 p_{Cu2} 后，变成了从转子送往定子的电磁功率 $|P_M|$，又转子功率因数为

$$\cos\varphi_2 = \frac{\dfrac{r_2'}{s}}{\sqrt{\left(\dfrac{r_2'}{s}\right)^2 + x_2'^2}} < 0 \qquad (3\text{-}23)$$

得 $\varphi_2 > 90°$，而 $\dot{U}_1$ 与 $\dot{I}_1$ 的夹角 $\varphi_1 > 90°$，这样一来就可知电动机的输入功率为

$$P_1 = 3U_1 I_1 \cos\varphi_1 < 0 \qquad (3\text{-}24)$$

$P_1 < 0$，说明有功功率 $|P_1|$ 是电动机送给交流电网的。即它的能量是由轴上输入，经转子、定子到电网，好似一台发电机，因此回馈制动又称为再生发电制动。

回馈制动有两种：一种是出现位能性负载下放时，即反向回馈制动，机械特性如图 3-32 所示的 A→B→D→E→F 过程，最终运行于 F 点；另一种出现在电动机变极调速或变频调速中，不过这种情况是过渡状态，不能稳定运行，机械特性如图 3-35 所示，工作点沿曲线 2 的 B 点到 n_1' 点这一段变化过程称为回馈制动过程。

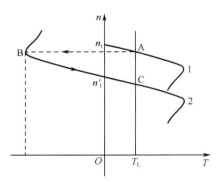

图 3-35　异步电动机在变极或变频调速过程中的回馈制动

【例 3-2】　某三相绕线式异步电动机铭牌数据：$P_N = 60\text{kW}$，$n_N = 577\text{r/min}$，$I_{1N} = 133\text{A}$，$I_{2N} = 160\text{A}$，$E_{2N} = 253\text{V}$，$\lambda_m = 2.5$，定、转子的连接均为 Y 接法。试问：（1）该电动机以 $n = 150\text{r/min}$ 的转速提升及下放 $T_L = 0.8T_N$ 重物时，转子回路分别应串多大的电阻？（2）电动机原来以 $n = n_N$ 稳定运行，为了快速停车，拟采用电源反接制动，要求初始制动转矩不超过 $1.2T_N$，则转子回路应串入多大的电阻？

解： $s_N = \dfrac{n_1 - n_N}{n_1} = \dfrac{600 - 577}{600} = 0.0383$

$T_N = 9550 \dfrac{P_N}{n_N} = 9550 \times \dfrac{60}{577} = 993\text{N}\cdot\text{m}$

$s_m = s_N(\lambda_m \pm \sqrt{\lambda_m^2 - 1}) = 0.0383 \times (2.5 + \sqrt{2.5^2 - 1}) = 0.184$

$$r_2 = \frac{s_N E_{2N}}{\sqrt{3} I_{2N}} = \frac{0.0383 \times 253}{\sqrt{3} \times 160} = 0.035\Omega$$

（1）当电动机以 $n = 150\text{r/min}$ 的速度提升重物 $T_L = 0.8T_N$ 时，其工作点在人为机械特性（r_2+R_1）上的 A 点，该点的转矩为 $T_L = 0.8T_N$，转差率为 $s_1=0.75$，该曲线 1 的临界转差率为 s_{m1}，即

$$s_{m1} = s_1\left(\lambda_m \frac{T_N}{T_L} + \sqrt{\lambda_m^2\left(\frac{T_N}{T_L}\right)^2 - 1}\right) = 0.75 \times \left(\frac{2.5}{0.8} \pm \sqrt{\left(\frac{2.5}{0.8}\right)^2 - 1}\right) = 4.56\text{或}0.124$$

因为 $s_{m1} = 0.124 < s_m$ 不可能，舍去。取 $s_{m1} = 4.56$。

此时转子串联电阻为

$$\frac{r_2 + R_1}{r_2} = \frac{s_{m1}}{s_m}$$

$$R_1 = \left(\frac{s_{m1}}{s_m} - 1\right)r_2 = \left(\frac{4.56}{0.184} - 1\right) \times 0.035 = 0.83\Omega$$

当电动机以 $n = 150\text{r/min}$ 的速度下放重物 $T_L = 0.8T_N$ 时，其工作点在人为机械特性曲线（r_2+R_1）上的 B 点。B 点的转矩 $T_L = 0.8T_N$，转差率 $s_2=1.25$，曲线 3 的临界转差率为

$$s_{m2} = s_2\left(\lambda_m \frac{T_N}{T_2} + \sqrt{\lambda_m^2\left(\frac{T_N}{T_2}\right)^2 - 1}\right) = 1.25 \times \left(\frac{2.5}{0.8} \pm \sqrt{\left(\frac{2.5}{0.8}\right)^2 - 1}\right) = 7.61\text{或}0.21$$

因为 $s_{m2} = 0.21 < s_{m1}$ 不可能，舍去。取 $s_{m2} = 7.61$。

此时应串入转子电阻为

$$R_2 = \left(\frac{s_{m2}}{s_m} - 1\right)r_2 = \left(\frac{7.61}{0.184} - 1\right) \times 0.035 = 1.43\Omega$$

（2）当电源反接制动时对应的同步转速 $n_1 = -600\text{r/min}$，初始制动工作点 C，该点的转矩 $T_3 = -1.2T_N$，转差率为

$$s_3 = \frac{-600 - 577}{-600} = 1.96$$

该人为曲线上的临界转差率为

$$s_{m3} = s_3\left(\lambda_m \frac{T_N}{T_3} + \sqrt{\lambda_m^2\left(\frac{T_N}{T_3}\right)^2 - 1}\right) = 1.96 \times \left(\frac{-2.5}{-1.2} \pm \sqrt{\left(\frac{-2.5}{-1.2}\right)^2 - 1}\right) = 7.67 \text{ 或 } 0.496$$

因为要求初始制动转矩不超过 $1.2T_N$，所以初始点可以在线性段，也可以在非线性段，即

$$s_{m3} = 7.67 \text{ 或 } s'_{m3} = 0.496$$

当 $s_{m3} = 7.67$ 时，对应曲线 3 应串的转子电阻为

$$R_3 = \left(\frac{s_{m3}}{s_m} - 1\right)r_2 = \left(\frac{7.67}{0.184} - 1\right) \times 0.035 = 1.44\Omega$$

当 $s'_{m3} = 0.496$ 时，对应曲线 4 应串的转子电阻为

$$R'_3 = \left(\frac{s'_{m3}}{s_m} - 1\right)r_2 = \left(\frac{0.496}{0.184} - 1\right) \times 0.035 = 0.06\Omega$$

任务实施

实验 8：三相异步电动机的起动、调速实验

1. 三相鼠笼式异步电机起动实验

（1）三相鼠笼式异步电机直接起动

① 按图 3-36 所示接线。电机绕组为 Δ 接法，异步电动机直接与测速发电机同轴连接，不连接负载电机。

② 把交流调压器退到零位，开启电源总开关，按下"开"按钮，接通三相交流电源。

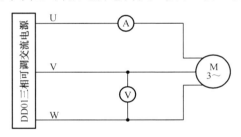

图 3-36 异步电动机直接起动

③ 调节调压器，使输出电压达到电机额定电压 220V，使电机起动旋转（如电机旋转方向不符合要求需调整相序时，必须按下"关"按钮，切断三相交流电源）。

④ 再按下"关"按钮，断开三相交流电源，待电动机停止旋转后，按下"开"按钮，接通三相交流电源，使电机全压起动，观察电机起动瞬间电流值（按指针式电流表偏转的最大位置所对应的读数值定性计量）。

⑤ 断开电源开关，将调压器退到零位。

⑥ 合上开关，调节调压器，使电机电流为 2～3 倍额定电流，读取电压值 U_k、电流值 I_k，转矩值 T_k，实验时通电时间不应超过 10s，以免绕组过热。

表 3-1 测量值与计算值

测 量 值			计 算 值		
U_k（V）	I_k（A）	F（N）	T_k（N·m）	I_s（A）	T_s（N·m）

（2）星形-三角形（Y-Δ）起动

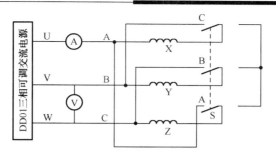

图 3-37 三相鼠笼式异步电机星形-三角形起动

① 按图 3-37 所示接线，线接好后把调压器退到零位。

② 三刀双掷开关合向右边（Y 接法）。合上电源开关，逐渐调节调压器使输出电压升至电机额定电压 220V，打开电源开关，待电机停转。

③ 合上电源开关，观察起动瞬间电流，然后把 S 合向左边，使电机（Δ）正常运行，整个起动过程结束。观察起动瞬间电流表的显示值以与其他起动方法做定性比较。

（3）自耦变压器起动

① 按图 3-38 所示接线，电机绕组为 Δ 接法。

② 三相调压器退到零位，开关 S 合向左边。

③ 合上电源开关，调节调压器使输出电压达到电机额定电压 220V，断开电源开关，待电机停转。

④ 开关 S 合向右边，合上电源开关，使电机由自耦变压器降压起动（自耦变压器抽头输出电压分别为电源电压的 40%、60%和 80%），经一定时间，再把 S 合向左边，使电机按额定电压正常运行，整个起动过程结束。观察起动瞬间电流以做定性的比较。

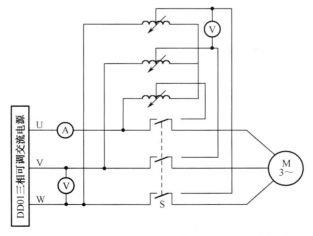

图 3-38 三相鼠笼式异步电动机自耦变压器法起动

（4）线绕式异步电动机转子绕组串入可变电阻器起动

① 按图 3-39 所示接线，电机定子绕组 Y 形接法。

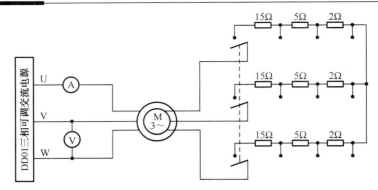

图 3-39 线绕式异步电机转子绕组串电阻起动

② 转子每相串入的电阻起动。
③ 调压器退到零位。
④ 接通交流电源,调节输出电压(观察电机转向应符合要求),在定子电压为180V,转子绕组分别串入不同电阻值时,测取定子电流和转矩。
⑤ 实验时通电时间不应超过 10s 以免绕组过热,数据记入表 3-2 中。

表 3-2 数据记录表格

R_s (Ω)	0	2	5	15
F (N)				
I_s (A)				
T_s (N·m)				

2. 三相异步电动机调速实验

本实验采用线绕式异步电动机转子绕组串入可变电阻器调速。

① 实验线路图如图 3-40 所示。同轴连接校正直流电机 MG 作为线绕式异步电动机 M 的负载,MG 的实验电路参考图 2-29 左边的接线。电路接好后,将 M 的转子附加电阻调至最大。

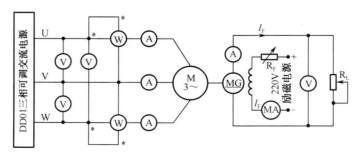

图 3-40 线绕式异步电机转子绕组串电阻调速

② 合上电源开关,电机空载起动,保持调压器的输出电压为电机额定电压 220V,转子附加电阻调至零。

③ 调节校正电机的励磁电流 I_F 为校正值，再调节直流发电机负载电流，使电动机输出功率接近额定功率并保持输出转矩 T_2 不变，改变转子附加电阻（每相附加电阻分别为 0Ω、2Ω、5Ω、15Ω），测取相应的转速记录于表 3-3 中。

表 3-3 数据记录表格（U=220V，I_F=____mA，T_2=____N·m）

r_s (Ω)	0	2	5	15
n (r/min)				

思考与练习题

3.1 某三相鼠笼式异步电动机铭牌上标注的额定电压为 380/220V，接在 380V 的交流电网上空载起动，能否采用 Y-△ 降压起动？

3.2 额定电压为 U_N，额定电流为 I_N 的某三相鼠笼式异步电动机，采用表 3-4 所列的各种方法起动，请通过计算填写表内空格。

表 3-4 题 3.2 表

起动方法	定子绕组上的电压	定子绕组的起动电流	电源供给的起动电流	起动转矩
直接起动	U_N	$5I_N$	$5I_N$	$1.2T_N$
定子边串电抗	$0.8U_N$			
定子边接自耦变压器	$0.8U_N$			

3.3 判断下列各结论是否正确。

（1）三相鼠笼异步电动机直接起动时，起动电流很大，为了避免起动过程中因过大电流而烧毁电机，轻载时需要降压起动。　　　　　　　　　　　　　　　（　）

（2）电动机拖动的负载越重，电流则越大，因此只要空载，三相异步电动机就可以直接起动。　　　　　　　　　　　　　　　　　　　　　　　　　　　（　）

（3）深槽式与双鼠笼式三相异步电动机起动时，由于集肤效应增大了转子电阻，因而具有较高的起动转矩倍数 K_T。　　　　　　　　　　　　　　　　　　　（　）

3.4 填空。

（1）三相异步电动机定子绕组接法为_____，才有可能采用 Y-△ 起动。

（2）某台三相鼠笼式异步电动机绕组为 △ 接法，λ_m = 2.5，K_T = 1.3，供电变压器容量足够大，该电动机_____用 Y-△ 起动方式拖动额定负载起动。

（3）一般三相鼠笼式异步电动机采用 QJ_3 型自耦变压器起动时，_____拖动额定负载起动。

3.5 绕线式三相异步电动机转子回路串电阻起动，为什么起动电流不大但起动转矩却很大？

3.6 绕线式三相异步电动机转子绕组串频敏变阻器起动时，为什么当参数合适时可以使起动过程中电磁转矩较大，并基本保持恒定？

3.7 频敏变阻器是电感线圈，若在绕线式三相异步电动机转子回路中串入一个普通三相电力变压器的一次绕组（二次侧开路），能否增大起动转矩？能否降低起动电流？有使用价值吗？为什么？

3.8 判断下面结论是否正确。

（1）三相绕线式异步电动机转子回路串入电阻可以增大起动转矩，串入电阻值越大，起动转矩也越大。（　　）

（2）三相绕线式异步电动机若在定子边串入电阻或电抗，可以减小起动电流和起动转矩；若在转子边串入电阻或电抗，则可以加大起动转矩和减小起动电流。（　　）

（3）三相绕线式异步电动机转子串电阻分级起动，若仅仅考虑起动电流和起动转矩这两个因素，那么级数越多越好。（　　）

3.9 三相异步电动机拖动反抗性恒转矩负载运行，若$|T_L|$较小，采用反接制动停车时应该注意什么问题？

3.10 三相异步电动机运行于反向回馈制动状态时，是否可以把电动机定子出线端从接在电源上改变为接在负载（用电器）上？

3.11 六极三相绕线式异步电动机，定子绕组接在频率为$f_1=50Hz$的三相电源上，拖动着起重机吊钩提放重物。若运行时转速$n=-1250r/min$，在电源相序为正序或负序的两种情况下，分别回答下列问题：

（1）气隙旋转磁通势的转速及转差率是多少？

（2）定、转子绕组感应电动势的频率是多大？相序如何？

（3）电磁转矩实际上是拖动性质的还是制动性质的？

（4）电动机处于什么运行状态？转子回路是否一定要串电阻？

（5）电磁功率实际传递方向如何？机械功率实际是输入还是输出？

3.12 填写表3-5中的空格。

表3-5 题3.12表

电源	n（r·min^{-1}）	转差率	n（r·min^{-1}）	运行状态	极数	P_1	P_m
正序	1450		1500			+	+
正序		1.8	750				
	500			反接制动过程	10		
负序		0.05	500				
		-0.05		反向回馈制动运行	4		

3.13 填空。

（1）拖动反抗性恒转矩负载运行于正向电动状态的三相异步电动机，对调其定子绕组任意两个出线端后，电动机的运行状态经_____和_____，最后稳定运行于_____状态。

（2）拖动位能性恒转矩负载运行于正向电动状态的三相异步电动机，进行能耗制动停车，当$n=0$时，___其他停车措施；若采用反接制动停车，当$n=0$时，___其他停车措施。

（3）如果由三相绕线式异步电动机拖动一辆小车，走在平路上，电机为正向电动运行；走下坡路时，位能性负载转矩比摩擦性负载转矩大，由此可判断电动机运行在_____状态。

3.14 选择正确答案。

（1）一台八极绕线式三相异步电动机拖动起重机的主钩，当提升某重物时，负载转矩 $T_L = T_N$，电动机转速为 $n = 710\text{r/min}$，忽略传动机构的损耗。现要以相同的速度把该重物下放，可以采用的办法是_____。

  A．降低交流电动机电源电压　　B．切除交流电源，在定子绕组中通入直流电流
  C．对调定子绕组任意两出线端　　D．转子绕组中串入三相对称电阻

（2）一台绕线式三相异步电动机拖动起重机的主钩，若重物提升到一定高度以后需要停在空中，在不使用抱闸等装置使卷筒停转的情况下，可以采用的办法是_____。

  A．切断电动机电源
  B．在电动机转子回路中串入适当的三相对称电阻
  C．对调电动机定子任意两出线端
  D．降低电动机电源电压

3.15 绕线式三相异步电动机转子回路串电抗器能否起调速作用？为什么不采用串电抗的调速方法？

3.16 定性分析绕线式异步电动机转子回路突然串入电阻后降速的电磁过程（假设拖动的是恒转矩负载）。

3.17 绕线式异步电动机拖动恒转矩负载运行，当转子回路串入不同电阻时，电动机转速不同，转子的功率因数及电流是否变化？定子边的电流及功率因数是否变化？

3.18 三相异步电动机拖动额定恒转矩负载时，若保持电源电压不变，将频率升高到额定频率的 1.5 倍实现高速运行，如果机械强度允许的话，可行吗？为什么？若拖动额定恒功率负载，采用同样的办法可行吗？为什么？

3.19 填空。

（1）拖动恒转矩负载的三相异步电动机，采用保持 $E_1/f_1 = $ 常数控制方式时，降低频率后电动机过载倍数_____，电动机电流_____，电动机 Δn _____。

（2）一台空载运行的三相异步电动机，当略微降低电源频率而保持电源电压大小不变时，电动机的励磁电流_____，电动机转速_____。

（3）一台三相绕线式异步电动机拖动恒转矩负载运行，增大转子回路串入的电阻，电动机的转速_____，过载倍数_____，电流_____。

（4）三相绕线式异步电动机带恒转矩负载运行，电磁功率 $P_M = 10\text{kW}$，当转子串入电阻调速运行在转差率 $s = 0.4$ 时，电机转子回路总铜耗 $p_{Cu2} = $ _____kW，机械功率 $P_m = $ _____kW。

（5）变频调速的异步电动机，在基频以上调速，应使 U_1 _____，近似属于_____调速方式。

（6）一台定子绕组为 Y 接法的三相鼠笼式异步电动机，如果把图 3.17 所示定子每相绕组中的半相绕组反向，如图 3.18 所示，通入三相对称电流，则电动机的极数_____，

同步转速_____。

（7）晶闸管串级调速的异步电动机，其转子回路中转差功率的主要部分通过_____和_____以及_____装置，回馈到_____。理想空载转速比同步转速_____。

3.20 选择正确答案。

（1）若拖动恒转矩负载的三相异步电动机保持 E_1/f_1 = 常数，当 $f_1 = 50$Hz 时，$n = 2900$r/min。若降低频率到 $f_1 = 40$Hz 时，则电动机转速为_____。

　　A．2900r/min　　B．2320r/min　　C．2300r/min　　D．2400r/min

（2）三相绕线式异步电动机拖动恒转矩负载运行时，若转子回路串电阻调速，那么运行在不同的转速上，电动机的 $\cos\varphi_2$ _____。

　　A．转速越低，$\cos\varphi_2$ 越高　　　　B．基本不变

　　C．转速越低，$\cos\varphi_2$ 越低

（3）绕线式三相异步电动机拖动恒转矩负载运行，若采取转子回路串入对称电抗方法进行调速，那么与转子回路串电阻调速相比，串入电抗后，则_____。

　　A．不能调速

　　B．有完全相同的调速效果

　　C．串入电抗，电动机转速升高

　　D．串入电抗，转速降低，但同时功率因数也降低

3.21 一台三相鼠笼式异步电动机技术数据：$P_N = 320$kW，$U_N = 6000$V，$n_N = 740$r/min，$I_N = 40$A，Y 接法，$\cos\varphi_N = 0.83$，$K_I = 5.04$，$K_T = 1.93$N，$\lambda_m = 2.2$，试求：

（1）直接起动时的起动电流与起动转矩；

（2）把起动电流限定在 160A 时，应串入定子回路的每相电抗是多少？起动转矩是多少？

3.22 一台三相鼠笼式异步电动机数据：$P_N = 40$kW，$U_N = 380$V，$n_N = 2930$r/min，$\eta_N = 0.90$，$\cos\varphi_N = 0.85$，$K_I = 5.5$，$K_T = 1.2$，△ 接法，供电变压器允许起动电流为 150A 时，能否在下面情况下用 Y-△ 起动：

（1）负载转矩为 $0.25T_N$；

（2）负载转矩为 $0.4T_N$。

3.23 某三相鼠笼异步电动机，$P_N = 300$kW，定子 Y 接法，$U_N = 380$V，$I_N = 527$A，$n_N = 1475$r/min，$K_I = 6.7$，$K_T = 1.5$，$\lambda_m = 2.5$。车间变电站允许最大冲击电流为 1800A，生产机械要求起动转矩不小于 1000N·m，试选择合适的起动方法。

3.24 一台绕线式异步电动机 $P_N = 30$kW，$U_N = 380$V，$I_{1N} = 71.6$A，$n_N = 725$r/min，$E_{2N} = 257$V，$I_{2N} = 74.3$A，$\lambda_m = 2.2$。拖动负载起动，$T_L = 0.75T_N$。若用转子串电阻四极起动，$\dfrac{T_1}{T_N} = 1.8$，求各级起动电阻多大？

3.25 一台绕线式三相异步电动机，定子绕组 Y 接法，四极起动，额定数据：$f_1 = 50$Hz，$P_N = 150$kW，$U_N = 380$V，$n_N = 1455$r/min，$\lambda_m = 2.6$，$E_{2N} = 213$V，$I_{2N} = 420$A。求：

（1）求起动转矩；
（2）欲使起动转矩增大一倍，转子每相应串入多大电阻？

3.26 某绕线式异步电动机的数据：$P_N = 5\text{kW}$，$n_N = 960\text{r/min}$，$U_N = 380\text{V}$，$I_{1N} = 14.9\text{A}$，$E_{2N} = 164\text{V}$，$I_{2N} = 20.6\text{A}$，定子绕组 Y 接法，$\lambda_m = 2.3$。拖动 $T_L = 0.75T_N$ 恒转矩负载，要求制动停车时最大转矩为 $1.8T_N$。现采用反接制动，求每相串入的制动电阻值。

3.27 某绕线式三相异步电动机数据：$P_N = 60\text{kW}$，$n_N = 960\text{r/min}$，$E_{2N} = 200\text{V}$，$I_{2N} = 195\text{A}$，$\lambda_m = 2.5$。其拖动起重机主钩，当提升重物时电动机负载转矩 $T_L = 530\text{N}\cdot\text{m}$。求：

（1）电动机工作在固有机械特性上提升该重物时，求电动机的转速；
（2）不考虑提升机构传动损耗，如果改变电源相序，下放该重物，下放速度是多少？
（3）若使下放速度为 $n = -280\text{r/min}$，不改变电源相序，转子回路应串入多大电阻？
（4）若在电动机不断电的条件下，欲使重物停在空中，应如何处理？并做定量计算。
（5）如果改变电源相序在反向回馈制动状态下放同一重物，转子回路每相串接电阻为 0.06Ω，求下放重物时电动机的转速。

3.28 一台绕线式三相异步电动机拖动一台桥式起重机主钩，其额定数据：$P_N = 60\text{kW}$，$n_N = 577\text{r/min}$，$I_{1N} = 133\text{A}$，$I_{2N} = 160\text{A}$，$E_{2N} = 253\text{V}$，$\lambda_m = 2.9$，$\eta_N = 0.89$，$\cos\varphi_N = 0.77$。

（1）设电动机转子转动 35.4 转时，主钩上升 1m，如要求带额定负载时，重物以 8r/min 的速度上升，求电动机转子电路每相串入的电阻值。

（2）为消除起动时起重机各机构齿轮间的间隙所引起的机械冲击，转子电路备有预备级电阻。设计时如要求转子串接预备级电阻后，电动机起动转矩为额定转矩的 40%，求预备级电阻值。

项目 4　直流电动机的测试与应用

知识目标

1. 认识直流电动机的内部结构及分类；
2. 熟悉直流电动机的铭牌参数；
3. 掌握直流电动机的工作原理；
4. 熟悉直流电动机的机械特性；
5. 掌握直流电动机的起动、调速及制动。

**技能目标**

1. 按要求拆装直流电动机，掌握直流电动机的拆卸、装配步骤和注意事项；
2. 掌握测定直流电动机工作特性的方法；
3. 掌握直流电动机起动、制动和调速方法。

任务 4.1　直流电动机的拆装

**任务导入**

本任务的目的是通过教师的现场教学及学生的自学和查找资料，完成对直流电动机的拆装，并掌握直流电动机的内部结构、各元件的作用，以及直流电动机的工作原理。

**知识准备**

4.1.1　直流电动机的结构

直流电机分为直流发电机和直流电动机，其中把机械能转变为直流电能的电机是直流发电机，把直流电能转换为机械能的电机称为直流电动机。直流电机的功率大小和用途虽然不同，但其基本结构和原理大体都是相同的。

要将电能转换为机械能，直流电动机必须具有能满足电磁和机械两方面要求的合理的结构形式。

直流电动机的结构形式是多种多样的，图 4-1 是一台常用的小型直流电动机的结构剖面图。直流电动机由静止的定子部分和转动的转子部分构成，定、转子之间有一定大小的间隙（称为气隙）。各主要结构部件的基本结构及其作用如下。

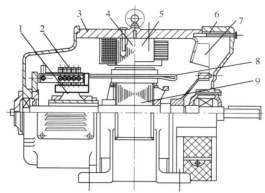

1—换向器；2—电刷装置；3—机座；4—主磁极；5—换向极；6—端盖；7—风扇；8—电枢绕组；9—电枢铁芯

图 4-1　电流电动机的结构剖面图

1. 定子部分

直流电动机定子部分主要由主磁极、换向极、机座和电刷装置等组成。

（1）主磁极，又称主极。在一般大中型直流电动机中，主磁极是一种电磁铁。只有个别类型的小型直流电动机的主磁极才用永久磁铁，这种电机称做永磁直流电动机。主磁极的作用是在电枢表面外的气隙空间里产生一定形状分布的气隙磁密。

图 4-2 是主磁极的装配图。主磁极的铁芯用 1～1.5mm 厚的低碳钢板冲片叠压紧固而成。把事先绕制好的励磁绕组套在主极铁芯外面，整个主磁极再用螺钉固定在机座的内表面上。各主磁极上的励磁绕组连接必须使通过励磁电流时，相邻磁极的极性呈 N 极和 S 极交替的排列，为了让气隙磁密在沿电枢圆周方向的气隙空间里分布得更加合理一些，铁芯下部（称为极靴）比套绕组的部分（称为极身）宽。这样也可使励磁绕组牢固地套在铁芯上。

（2）换向极。容量在 1kW 以上的直流电机，在相邻两主磁极之间要装上换向极。换向极又称为附加极或间极，其作用是改善直流电机的换向。换向极的形状比主磁极简单，也是由铁芯和绕组构成的。铁芯一般用整块钢或钢板加工而成，换向极绕组与电枢绕组串联。

（3）机座。一般直流电动机都用整体机座。所谓整体机座，就是一个机座同时起两方面的作用：一方面起导磁的作用，另一方面起机械支撑的作用。由于机座要起导磁的作用，所以它是主磁路的一部分，称为定子磁轭，一般多用导磁效果较好的铸钢制成，小型直流电机也有用厚钢板的。主磁极、换向极和端盖都固定在电机的机座上，所以机

（4）电刷装置。电刷装置是把直流电压、直流电流引入的装置。电刷放在电刷盒里，用弹簧压紧在换向器上，电刷上有个铜丝辫，可以引入电流。直流电动机里，常常把若干个电刷盒装在同一个绝缘的刷杆上，在电路连接上，把同一个绝缘刷杆上的电刷盒并联起来，成为一组电刷。一般直流电动机中，电刷组的数目可以用电刷杆数表示，电刷杆数与电机的主磁极数相等。各电刷杆在换向器外表面上沿圆周方向均匀分布，正常运行时，电刷杆相对于换向器表面有一个正确的位置，如果电刷杆的位置放得不合理，将直接影响电动机的性能。电刷杆装在端盖或轴承内盖上，调整位置后，将它固定。

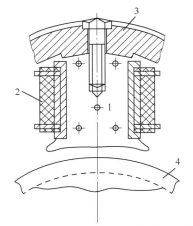

1—主极铁芯；2—励磁绕组；3—机座；4—电枢

图 4-2　直流电动机的主磁极

2. 转子部分

直流电动机转子部分主要由电枢铁芯和电枢绕组、换向器、转轴和风扇等组成。转子是直流电机的重要部件。由于感应电动势和电磁转矩都在转子绕组中产生，是机械能与电能相互转换的枢纽，因此称为电枢。图 4-3 为直流电动机的电枢装配示意图。

（1）电枢铁芯。电枢铁芯作用有两个，一个是作为主磁路的主要部分，另一个是嵌放电枢绕组。由于电枢铁芯和主磁场之间的相对运动，会在铁芯中引起涡流损耗和磁滞损耗（这两部分损耗合在一起称为铁芯损耗，简称铁耗），为了减少铁耗，通常用 0.5mm 厚的涂有绝缘漆的硅钢片的冲片叠压而成，固定在转轴上。电枢铁芯沿圆周上有均匀分布的槽，里面可嵌入电枢绕组。

（2）电枢绕组。电枢绕组由许多按一定规律排列和连接的线圈组成，它是直流电动机的主要电路部分，是通过电流和感应产生电动势以实现机电能量转换的关键部件。线圈用包有绝缘的圆形和矩形截面导线绕制而成，线圈亦称为元件，每个元件有两个出线端。电枢线圈嵌放在电枢铁芯的槽中，每个元件的两个出线端以一定规律与换向器的换向片相连，构成电枢绕组。

（3）换向器。换向器也是直流电动机的重要部件。它将电刷上所通过的直流电流转换为绕组内的交变电流。换向器安装在转轴上，主要由许多换向片组成，片与片之间用云母绝缘，换向片数与元件数相等。

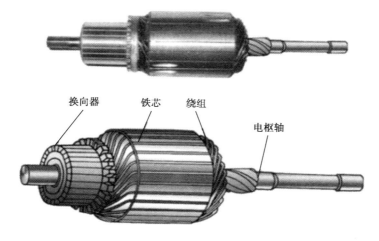

图 4-3 直流电动机的电枢装配示意图

4.1.2 直流电动机的铭牌数据

每台直流电动机的机座外表面上都钉有一块铭牌，上面标注着一些称做额定值的铭牌数据，它是正确选择和合理使用电动机的依据，如表 4-1 所示。

表 4-1 直流电动机的铭牌

直流电动机			
型号	Z_2-72	励磁方式	并励
额定功率	22kW	励磁电压	220V
额定电压	220V	励磁电流	2.06A
额定电流	116A	定额	连续
额定转速	1500r/min	温升	800℃
产品编号	××××	出厂日期	××××年×月
××××电机厂			

电机型号表明该电机所属的系列及主要特点。掌握了型号，就可以从有关的手册及资料中查出该电机的许多技术数据。

根据国家标准，直流电动机的额定值如下。

（1）额定功率 P_N：指在额定条件下电机所能供给的功率。对于电动机，额定功率是指电动机轴上输出的额定机械功率，单位为 kW。

（2）额定电压 U_N：指在额定工况条件下，电机出线端的平均电压。对于电动机是指额定输入电压，单位是 V。

（3）额定电流 I_N：指电机在额定电压情况下，运行于额定功率时对应的电流值，单位是 A。

（4）额定转速 n_N：指对应于额定电压、额定电流，电机运行于额定功率时所对应的转速，单位是 r/min。

（5）励磁方式：指直流电机的励磁线圈与其电枢线圈的连接方式。

（6）额定励磁电流 I_{fN}：指对应于额定电压、额定电流、额定转速及额定功率时的励磁电流，单位是 A。

有些物理量虽然不标在铭牌上，但它们也是额定值，如在额定运行状态的转矩、效率分别称为额定转矩、额定效率等。

关于额定功率，对直流电动机而言，则是指它的转轴上输出的机械功率。因此，直流电动机的额定功率为

$$P_N = U_N I_N \eta_N \quad (4-1)$$

式中，η_N 为直流电动机的额定效率，它是直流电动机额定运行时输出机械功率与电源输入电功率之比。

电动机轴上输出的额定转矩用 T_{2N} 表示，其大小是输出的机械功率额定值除以转子角速度的额定值，即

$$T_{2N} = \frac{P_N}{\Omega_N} = 9.55 \frac{P_N}{n_N} \quad (4-2)$$

式中，P_N 的单位为 W，n_N 的单位为 r/min，T_{2N} 的单位为 N·m。此式不仅适用于直流电动机，也适用于交流电动机。

直流电动机运行时，若各个物理量都与它的额定值一样，就称为额定运行状态或额定工况。在额定状态下，电动机能可靠地工作，并具有良好的性能。但在实际应用中，电动机不总是运行在额定状态。如果流过电动机的电流小于额定电流，称为欠载运行；超过额定电流，称为过载运行。长期过载或欠载运行都不好。长期过载有可能因过热而损坏电动机；长期欠载，电动机没有得到充分利用，效率降低，不经济。为此选择电动机时，应根据负载的要求，尽量让电动机工作在额定状态。

4.1.3 直流电动机的用途和分类

1. 用途

直流电动机多用于对调速要求较高的生产机械上，如轧钢机、电力牵引、挖掘机械、纺织机械等，这是因为直流电动机具有以下突出的优点：

（1）调速范围广，易于平滑调速；

（2）起动、制动和过载转矩大；

（3）易于控制，可靠性较高；

（4）调速时的能量损耗较小。

与交流电动机相比，直流电动机的结构复杂，消耗较多的有色金属，维修比较麻烦。随着电力电子技术的发展，由晶闸管整流元件组成的直流电源设备将逐步取代直流发电机。但直流电动机由于其性能优越，在电力拖动自动控制系统中仍占有很重要的地位。

利用晶闸管整流电源配合直流电动机而组成的调速系统仍在迅速发展。

2. 分类

（1）按励磁方式分类

直流电动机的励磁方式是指对励磁绕组如何供电、产生励磁磁通势而建立主磁场的问题。根据励磁方式的不同，直流电动机可分为他励式和自励式两种，自励式又可分为并励、串励、复励等。

① 他励直流电动机。

励磁绕组与电枢绕组无连接关系，而由其他直流电源对励磁绕组供电的直流电动机称为他励直流电动机，接线如图4-4（a）所示。

② 并励直流电动机。

并励直流电动机的励磁绕组与电枢绕组并联，接线如图4-4（b）所示。励磁绕组与电枢共用同一电源，从性能上讲与他励直流电动机相同，数学关系：$I=I_a+I_f$。

③ 串励直流电动机。

串励直流电动机的励磁绕组与电枢绕组串联后，再接于直流电源，接线如图4-4（c）所示。这种直流电动机的励磁电流就是电枢电流，数学关系：$I=I_a=I_f$。

④ 复励直流电动机。

复励直流电动机有并励和串励两个励磁绕组，接线如图4-4（d）所示。若串励绕组产生的磁通势与并励绕组产生的磁通势方向相同称为积复励。若两个磁通势方向相反，则称为差复励。

不同励磁方式的直流电动机有着不同的特性。

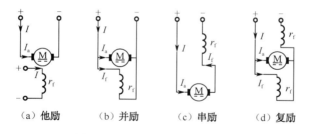

（a）他励　　（b）并励　　（c）串励　　（d）复励

图4-4　直流电动机的励磁方式

（2）按用途分类

Z_2系列是一般用途的中、小型直流电机，包括发电机和电动机。

Z和ZF系列是一般用途的大、中型直流电机系列。Z是直流电动机系列，ZF是直流发电机系列。

ZZJ系列是专供起重冶金工业用的专用直流电动机。

ZT系列是用于恒功率且调速范围比较大的拖动系统里的广调速直流电动机。

ZQ系列是电力机车、工矿电机车和蓄电池供电电车用的直流牵引电动机。

ZH系列是船舶上各种辅助机械用的船用直流电动机。

ZU系列是用于龙门刨床的直流电动机。

ZA 系列是用于矿井和有易爆气体场所的防爆安全型直流电动机。

ZKJ 系列是冶金、矿山挖掘机用的直流电动机。

4.1.4 直流电动机的基本工作原理

1. 基本工作原理

图 4-5 所示为直流电动机的原理模型，电刷 A、B 接上直流电源。于是在线圈 abcd 中有电流流过，电流的方向如图 4-5 所示。根据电磁力定律可知，载流导体 ab、cd 上受到的电磁力 f 为

$$f = Bli \tag{4-3}$$

式中，B ——导体所在处的气隙磁密（Wb/m²）；

l ——导体 ab 或 cd 的长度（m）；

i ——导体中的电流（A）。

导体受力的方向用左手定则确定，导体 ab 的受力方向从右向左，导体 cd 的受力方向从左向右，如图 4-5 所示。这一对电磁力形成了作用于电枢的一个力矩，这个力矩在旋转电机里称为电磁转矩，转矩的方向是逆时针，以使电枢逆时针方向转动。如果此电磁转矩能够克服电枢上的阻转矩（如由摩擦引起的阻转矩及其他负载转矩），电枢就能按逆时针方向旋转起来。当电枢转了 180°后，导体 cd 转到 N 极下，导体 ab 转到 S 极下时，由于直流电源供给的电流方向不变，仍从电刷 A 流入，经导体 cd、ab 后，从电刷 B 流出。这时导体 cd 受力方向变为从右向左，导体 ab 受力方向从左向右，产生的电磁转矩的方向仍为逆时针。因此，电枢一经转动，由于换向器配合电刷对电流的换向作用，直流电流交替地由导体 ab 和 cd 流入，使线圈边只要处于 N 极下，其中通过电流的方向总是电刷 A 流入的方向，而在 S 极下时，总是电刷 B 流出的方向。这就保证了每个极下线圈边中的电流始终是一个方向，从而形成一种方向不变的转矩，使电动机能连续旋转。这就是直流电动机的工作原理。

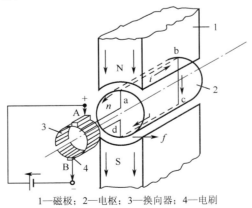

1—磁极；2—电枢；3—换向器；4—电刷

图 4-5 直流电动机的原理模型

从上述基本电磁情况来看，一台直流电机原则上既可以作为发电机运行，也可以作为电动机运行，只是其输入、输出的条件不同而已。如用原动机拖动直流电机的电枢，将机械能从电机轴上输入，而电刷上不加直流电压，则从电刷端可以引出直流电动势作为直流电源，可输出电能，电机将机械能转换成电能而成为发电机；如在电刷上加直流电压，将电能输入电枢，则从电机轴上输出机械能，拖动生产机械，将电能转换成机械能而成为电动机。这种同一台电机，既能做发电机又能做电动机运行的原理，在电机学中称为电机的可逆原理。

2. 两个重要公式

直流电动机满足以下两个公式，这两个公式是分析直流电动机运行特性的基础。

（1）直流电动机电枢电动势

电枢绕组中的感应电动势，简称电枢电动势，是指直流电动机正、负电刷之间的感应电动势，是每个支路里的感应电动势。

当电刷放在几何中线上时，电枢电动势为

$$E_a = C_e \Phi n \tag{4-4}$$

式中，C_e——常数，称为电动势常数；

Φ——每极主磁通，单位为韦伯，符号为 Wb；

n——电机转速，单位为转/分，符号为 r/min。

（2）直流电动机的电磁转矩

根据电磁力定律，当电枢绕组中有电枢电流流过时，在磁场内将受到电磁力的作用，该力与电机电枢铁芯半径之积称为电磁转矩。

$$T = C_T \Phi I_a \tag{4-5}$$

式中，C_T——常数，称为转矩常数；

I_a——电枢电流。

电枢电动势和电磁转矩的方向分别用右手定则和左手定则确定。

电枢电动势的方向由电机的转向和主磁场方向决定，其中只要有一个方向改变，电动势方向也就随之改变，但两个方向同时改变时，电动势方向不变。电磁转矩的方向由电枢的转向和电流方向决定，同样，只要改变其中一个的方向，电磁转矩方向将随之改变，但两个方向改变，电磁转矩方向不变。

直流电动机运行时的几点结论：

① 外施电压、电流是直流，电枢线圈内电流是交流。

② 线圈中感应电动势与电流方向相反。

③ 线圈是旋转的，电枢电流是交变的。

④ 产生的电磁转矩 T 与转子转向相同，是驱动性质。

电机与应用

任务实施

实验 9：拆装直流电动机

1. 实验目的

会正确拆装直流电动机。

2. 仪器、设备和工具

轴承拉具，活动扳手、铁锤、铜棒、木锤、常用电工工具、3V 直流电源、毫伏表、兆欧表（也称绝缘电阻表）等。

3. 拆装步骤

直流电动机的各部件如图 4-6 所示。

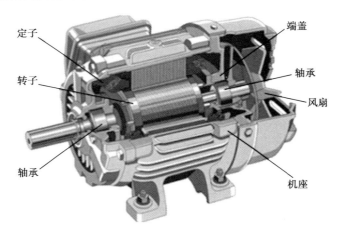

图 4-6　直流电动机的各部件

（1）直流电动机的拆卸步骤

① 拆除电机的接线。

② 拆除换向器的端盖螺钉、轴承盖螺钉，并取下轴承外盖。

③ 打开端盖的通风窗，从刷握中取出电刷，再拆下接到刷杆上的连接线。

④ 拆卸换向器的端盖时，在端盖边缘处垫上木楔，用铁锤沿端盖的边缘均匀敲击，逐步使端盖止口脱离机座及轴承外圈，取出刷架。

⑤ 将换向器包好，避免弄脏、碰伤。

⑥ 拆除轴伸出端的端盖螺钉，将连同端盖的电枢从定子内小心地抽出，以免擦伤

绕组。

⑦ 将连同端盖的电枢放在木架上并包好，拆除轴承端的轴承盖螺钉，取下轴承外盖及端盖，如轴承未损坏可不拆卸。

（2）直流电动机的装配步骤

① 电动机的装配可按与拆卸相反的顺序操作。

② 安装、固定好电动机。

③ 通电并带负载运行，检查装配效果。

4．注意事项

（1）在拆卸直流电动机前先用仪表进行整机检查，确定绕组对地绝缘是否良好及绕组间有无短路、断线或其他故障。在线头、端盖、刷架等处做好复位标记，做到边拆、边检查、边记录，在拆卸中不应使电动机的零件受到损坏。

（2）装配直流电动机时，拧紧端盖螺栓，必须四周用力均匀，按对角线上、下、左、右逐步拧紧。

（3）本任务使用的是强电，人身安全是首要问题。未经指导教师同意，不得通电。而且在操作时，同组人员需互相合作，避免有人在进行接线等操作的同时合上电源造成触电。

5．思考题

（1）直流电动机工作时电磁原理的应用。

（2）直流电动机各部分的位置及作用。

（3）直流电动机通电时要先加哪个绕组的电源？为什么？

任务 4.2　直流电动机运行特性测试

任务导入

本任务的目的是通过教师的现场教学及学生的自学和查找资料，完成对直流电动机的性能测试，掌握直流电动机的工作特性和机械特性。

知识准备

4.2.1　直流电动机稳态运行时的基本方程式

在列写直流电动机运行时的基本方程式之前，各有关物理量，如电压、电流、磁通、转速、转矩等，都应事先规定正方向。正方向的选择是任意的，但是一经选定就不要再改变。

以他励直流电动机为例，在采用电动机惯例前提下，各物理量的参考方向如图 4-7 所示。图 4-7 标出了直流电动机各物理量的正方向。

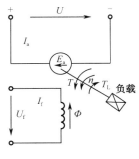

图 4-7　电动机惯例

1. 电枢电动势公式和电压平衡方程式

电枢回路电压平衡方程式为

$$U = E_a + I_a R_a \tag{4-6}$$

电枢电动势为

$$E_a = C_e \Phi n \tag{4-7}$$

2. 电磁转矩和转矩平衡方程式

电磁转矩 T 为

$$T = C_T \Phi I_a \tag{4-8}$$

直流电动机以转速 n 稳态运行时，作用在电枢上的转矩有三个：一是电枢电流与气隙磁场相互作用产生的电磁转矩 T，是拖动转矩；二是电动机的输出转矩 T_2；三是制动性的空载转矩 T_0，为电动机的机械摩擦及铁损耗引起的转矩。

稳态运行时转矩关系式为

$$T = T_2 + T_0 = T_L \tag{4-9}$$

3. 励磁特性公式

并励或他励发电机的励磁电流为

$$I_f = \frac{U_f}{R_f} \tag{4-10}$$

气隙每极磁通 Φ 为

$$\Phi = f(I_f, I_a) \tag{4-11}$$

以上 6 个方程式中前 4 个最为重要，是分析他励直流电动机各种特性的依据。特别提醒，采用哪一种正方向惯例，都不影响对电机运行状态的分析。

4. 功率关系

把电压方程式（4-6）两边都乘以 I_a，得

$$UI_a = E_a I_a + I_a^2 R_a$$

改写成

$$P_1 = P_M + p_{Cua} \quad (4\text{-}12)$$

式中，$P_1 = UI_a$ 为直流电源输入给电动机的电功率；$P_M = E_a I_a$ 为电磁功率；$p_{Cua} = I_a^2 R_a$ 为电枢回路铜损耗。

把式（4-9）两边都乘以机械角速度 Ω，得

$$T\Omega = T_2\Omega + T_0\Omega$$

改写成

$$P_M = P_2 + p_0 \quad (4\text{-}13)$$

式中，$P_M = T\Omega$ 为电磁功率；$P_2 = T_2\Omega$ 为电动机输出的机械功率；$p_0 = T_0\Omega$ 为空载损耗，空载损耗包括机械摩擦损耗 p_m 和铁损耗 p_{Fe}，以及附加损耗 p_S。

综上各式得

$$P_1 = P_M + p_{Cua} = P_2 + p_0 + p_{Cua} = P_2 + p_{Cua} + p_{Fe} + p_m + p_S = P_2 + \sum p \quad (4\text{-}14)$$

他励直流电动机稳态运行时的功率关系如图 4-8 所示。

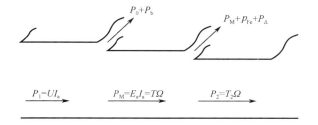

图 4-8　他励直流电动机的功率流程图

他励时，总损耗为

$$\sum p = p_{Cua} + p_0 + p_S = p_{Cua} + p_{Fe} + p_m + p_S \quad (4\text{-}15)$$

这一部分需要注意对于损耗的区分：

不变损耗：机械摩擦损耗 p_m，铁损耗 p_{Fe}，附加损耗 p_S。

可变损耗：电枢回路铜损耗 p_{Cua}。

电动机的效率为

$$\eta = \frac{P_2}{P_1} = 1 - \frac{\sum p}{p_2 + \sum p} \quad (4\text{-}16)$$

【例 4-1】某他励直流电动机的额定数据：$P_N = 6\text{kW}$，$U_N = 220\text{V}$，$n_N = 1000\text{r/min}$，$p_{Cua} = 500\text{W}$，$p_0 = 395\text{W}$。计算额定运行时电动机的 T_{2N}，T_0，T_N，P_M，η_N 及 R_a。

解：

额定输出转矩为

$$T_{2N} = 9550\frac{P_N}{n_N} = 9550 \times \frac{6}{1000} = 57.3\text{N}\cdot\text{m}$$

空载转矩为

$$T_0 = 9.55\frac{p_0}{n_N} = 9.55 \times \frac{395}{1000} = 3.77\text{N}\cdot\text{m}$$

额定电磁转矩为
$$T_N = T_{2N} + T_0 = 57.3 + 3.77 = 61.1\text{N}\cdot\text{m}$$

额定电磁功率为
$$P_M = P_N + p_0 = 6 + 0.395 = 6.395\text{kW}$$

额定输入功率为
$$P_{1N} = P_M + p_{Cua} = 6.395 + 0.5 = 6.895\text{kW}$$

额定效率为
$$\eta_N = \frac{P_N}{P_{1N}} \times 100\% = \frac{6}{6.895} \times 100\% = 87.1\%$$

额定电枢电流为
$$I_a = \frac{P_{1N}}{U_N} = \frac{6895}{220} = 31.3\text{A}$$

电枢电阻为
$$R_a = \frac{p_{Cua}}{I_a^2} = \frac{500}{31.3^2} = 0.51\Omega$$

5. 直流电动机的工作特性

直流电动机的工作特性是指供给电动机额定电压 U_N、额定励磁电流 I_{fN} 时，转速与输出功率 P_2 之间的关系、转矩与输出功率 P_2 之间的关系及效率与输出功率 P_2 之间的关系。这三个关系分别称为转速特性、转矩特性和效率特性。

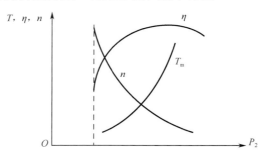

图 4-9 他励直流电动机的工作特性

（1）转速特性

当 $U = U_N$、$I_f = I_{fN}$ 时，$n = f(P_2)$ 的关系就称为转速特性。

把式（4-7）代入式（4-6），整理后得

$$n = \frac{U_N}{C_e\Phi_N} - \frac{R_a}{C_e\Phi_N}I_a \tag{4-17}$$

这就是他励直流电动机的转速特性公式。当输出功率 P_2 增大时，负载电流 I_a 和电枢压降也增大，转速 n 下降；但由于 R_a 很小，故当 P_2 变化时，电动机的转速变化很小。

（2）转矩特性

当 $U=U_N$、$I_f=I_{fN}$ 时，$T=f(P_2)$ 的关系就称为转矩特性。根据公式 $T=T_2+T_0=\dfrac{P_2}{\Omega}+T_0$ 可见，当转速为常数时，$T=f(P_2)$ 是一条直线。但实际上 P_2 增大时，转速略有下降，故 $T=f(P_2)$ 将略为向上弯曲。

（3）效率特性

当 $U=U_N$、$I_f=I_{fN}$ 时，$\eta=f(P_2)$ 的关系就称为效率特性。空载损耗 P_0 是不随负载电流变化的，当负载电流 I_a 较小时效率较低，输入的功率大部分消耗在空载损耗上；当负载电流增大时，效率也增大，输入的功率大部分消耗在机械负载上；但当负载电流大到一定程度时，铜耗快速增大，此时效率又开始变小。效率最大值出现在可变损耗等于不变损耗时。

4.2.2 他励直流电动机的机械特性

1. 机械特性的一般表达式

电动机的电磁转矩 T 与转速 n 的关系曲线 $n=f(T)$ 称为电动机的机械特性，如图 4-10 所示。

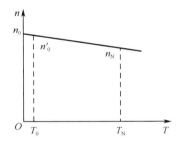

图 4-10 他励直流电动机的机械特性

为了推导机械特性的一般公式，在电枢回路中串入另一电阻 R。

把式 $I_a=\dfrac{T}{C_T\Phi}$ 代入转速特性公式中，得

$$n=\frac{U-I_a(R_a+R)}{C_e\Phi}=\frac{U}{C_e\Phi}-\frac{R_a+R}{C_eC_T\Phi^2}T=n_0-\beta T \qquad (4\text{-}18)$$

式中，$n_0=\dfrac{U}{C_e\Phi}$ 称为理想空载转速，$\beta=\dfrac{R_a+R}{C_eC_T\Phi^2}$ 为机械特性的斜率。

2. 固有机械特性

当电枢两端加额定电压、气隙每极磁通量为额定值、电枢回路不串电阻时，即 $U=U_N$、$\Phi=\Phi_N$、$R=0$，这种情况下的机械特性称为固有机械特性。其表达式为

$$n = \frac{U_N}{C_e \Phi_N} - \frac{R_a}{C_e C_T \Phi_N^2} T \tag{4-19}$$

固有机械特性曲线如图 4-11 所示。

他励直流电动机固有机械特性是一条斜直线，跨越三个象限，特性较硬。机械特性只表征电动机电磁转矩和转速之间的函数关系，是电动机本身的能力，至于电动机具体运行状态，还要看拖动什么样的负载。

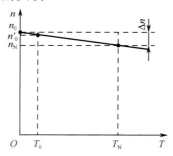

图 4-11 他励直流电动机的固有机械特性曲线

注意： ① 斜率越小，则转速变化越小，称此时电机具有较硬的特性。
② 斜率越大，则转速变化越大，称此时电机具有较软的特性。

3. 人为机械特性

他励直流电动机的电压、励磁电流、电枢回路电阻大小等改变后，其对应的机械特性称为人为机械特性。主要有三种：

（1）电枢回路串电阻的人为机械特性

保持 $U = U_N$，$\Phi = \Phi_N$，只在电枢回路中串入电阻 R 后，机械特性表达式为

$$n = \frac{U_N}{C_e \Phi_N} - \frac{R_a + R}{C_e C_T \Phi_N^2} T$$

显然，理想空载转速 $n_0 = \frac{U_N}{C_e \Phi_N}$，与固有机械特性的 n_0 相同，斜率 $\beta = \frac{R_a + R}{C_e C_T \Phi_N^2}$ 与电枢回路电阻有关，串入的阻值越大，特性越倾斜。

电枢回路串电阻的人为机械特性是一组放射形直线，都经过理想空载转速点，如图 4-12 所示。

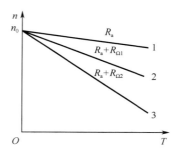

图 4-12 电枢回路串电阻的人为机械特性

（2）改变电枢电压的人为机械特性

保持 $\Phi = \Phi_N$ 不变，电枢回路不串电阻，只改变电枢电压时，机械特性表达式为

$$n = \frac{U}{C_e \Phi_N} - \frac{R_a}{C_e C_T \Phi_N^2} T$$

显然，U 不同，理想空载转速 $n_0 = \frac{U}{C_e \Phi_N}$ 随之变化，并成正比关系，但是斜率都与固有机械特性斜率相同，因此各条特性彼此平行。

改变电压 U 的人为机械特性是一组平行直线，如图 4-13 所示。

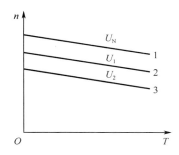

图 4-13 改变电枢电压的人为机械特性

（3）减少气隙磁通量的人为机械特性

保持 $U = U_N$ 不变，电枢回路不串电阻，仅改变每极磁通的人为机械特性表达式为

$$n = \frac{U}{C_e \Phi} - \frac{R_a}{C_e C_T \Phi_N^2} T$$

显然理想空载转速 $n_0 \propto \frac{1}{\Phi}$，$\Phi$ 越小，n_0 越高；而斜率 $\beta \propto \frac{1}{\Phi^2}$，$\Phi$ 越小，特性越倾斜。

改变每极磁通的人为机械特性如图 4-14 所示，是既不平行又不呈放射形的一组直线。

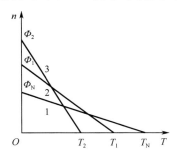

图 4-14 改变每极磁通的人为机械特性

实际上由于电枢反应表现为去磁效应，使机械特性出现上翘现象。一般容量较小的直流电机，电枢反应引起的去磁不严重，对机械特性影响不大，也就可以忽略；对容量较大的支流电机，在主极上加一个绕组，称为稳定绕组，绕组里流的是电枢电流，产生的磁通可以补偿电枢反应的去磁部分，使电机的机械特性不出现上翘现象，如图 4-15 所示。

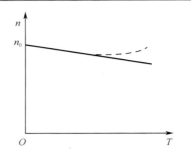

图 4-15 电枢反应对机械特性的影响

实验 10：直流电动机的运行特性测量实验

1. 实验目的

掌握用实验方法测取直流并励电动机的工作特性和机械特性。

2. 预习要点

直流电动机的工作特性和机械特性。

3. 内容

工作特性和机械特性：保持 $U=U_N$ 和 $I_f=I_{fN}$ 不变，测取 $n=f(I_a)$ 及 $n=f(T_2)$。

4. 实验设备及仪器

（1）电机教学实验台的主控制屏。
（2）电机导轨及涡流测功机、转矩转速测量、编码器、转速表。
（3）可调直流稳压电源（含直流电压、电流、毫安表）。
（4）直流电压、毫安、安培表。
（5）直流并励电动机。
（6）波形测试及开关板。

5. 实验方法

实验测量并励电动机的工作特性和机械特性。
① 实验线路如图 4-16 所示。
U_1：可调直流稳压电源；R_1、R_f：电枢调节电阻和磁场调节电阻；mA、A、V_2：直

流毫安、电流、电压表；G：涡流测功机；I_S：涡流测功机励磁电流调节。

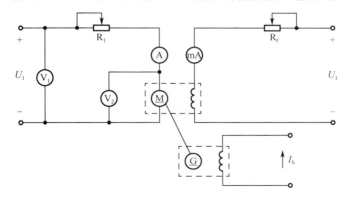

图 4-16 直流并励电动机接线图

② 测取电动机电枢电流 I_a、转速 n 和转矩 T_2，测取数据 7～8 组填入表 4-2 中。

表 4-2 实验数据记录表格（$U=U_N$=220V，$I_f=I_{fN}$=　　A，K_a=　　Ω）

实验数据	I_a（A）							
	n（r/min）							
	T_2（N·m）							
计算数据	P_2（W）							
	P_1（W）							
	η（%）							
	Δn（%）							

6. 注意事项

（1）直流电动机起动前，测功机加载旋钮调至零。实验做完也要将测功机负载旋钮调到零，否则电动机起动时，测功机会受到冲击。
（2）负载转矩表和转速表调零，如有零误差，在实验过程中要除去零误差。
（3）为安全起动，将电枢回路电阻调至最大，励磁回路电阻调至最小。
（4）转矩表反应速度缓慢，在实验过程中调节负载要慢。

7. 思考题

并励电动机的速率特性 $n=f(I_a)$ 为什么是略微下降的？是否会出现上翘现象？为什么？上翘的速率特性对电动机运行有何影响？

任务 4.3 直流电动机的应用

任务导入

本任务的目的是通过教师的现场教学及学生的自学和查找资料，完成对直流电动机的起动、调速和制动的实现。直流电动机的起动、调速和制动，是保证生产机械设备各种运行的准确和协调，是生产工艺各项要求得以满足，且工作安全可靠，实现自动化的重要途径。

知识准备

4.3.1 他励直流电动机的起动

1. 对电动机起动的基本要求

（1）起动转矩要大。
（2）起动电流要小。
（3）起动设备要简单、经济、可靠。

2. 他励直流电动机的起动方法

起动时，应先通励磁电流，而后加电枢电压，并且一般不能加额定电压直接起动。因为起动开始时，$n=0$，$E_a=0$，起动电流为

$$I_{st} = \frac{U - E_a}{R_a} = \frac{U}{R_a}$$

可能达到额定电流的十多倍，换向严重恶化，冲击转矩也易损坏传动机构。

为此，起动时应设法限制电枢电流不超过额定电流的 1.5～2 倍。方法有两种：一是降压起动，二是电枢回路中串电阻起动。

图 4-17 是他励直流电动机电枢回路串两段电阻 $R_{\Omega1}$、$R_{\Omega2}$ 进行二级起动的电路图和相应的特性图。图中 T_1 为起动过程中最大的转矩，T_2 是切换转矩，T_Z 为起动时的负载转矩，$R_2 = R_a + R_{\Omega1} + R_{\Omega2}$，$R_1 = R_a + R_{\Omega1}$。起动过程中，每一级的 $T_1(I_1)$ 与 $T_2(I_2)$ 取得大小一致，使电动机有较均匀的加速度。

3. 他励直流电动机起动电阻的计算

以图 4-17 为例，取 $I_2 = (1.1 \sim 1.2)I_N$ 或 $I_2 \geq (1.2 \sim 1.5)I_Z$，$I_1 = (1.5 \sim 2.0)I_N$，一般要经过多次调整，才能绘出如图 4-17（b）所示特性图，由此图可以推导计算分级电阻数值的公式。

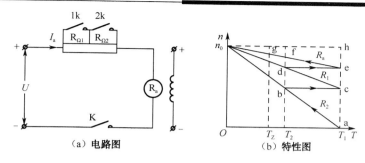

(a) 电路图　　　　　　　　(b) 特性图

图 4-17　他励电动机二级起动的电路和特性

$n_b = n_c$，故有 $E_b = E_c$，在 b 点有

$$I_2 = \frac{U - E_b}{R_2}$$

在 c 点有

$$I_1 = \frac{U - E_c}{R_1}$$

两式相除，考虑 $E_b = E_c$，得 $\dfrac{I_1}{I_2} = \dfrac{R_2}{R_1}$。

同样，由 d 点和 e 点可得

$$\frac{I_1}{I_2} = \frac{R_1}{R_a}$$

故有两级起动时

$$\frac{I_1}{I_2} = \frac{R_2}{R_1} = \frac{R_1}{R_a}$$

推广到 m 级则

$$\frac{I_1}{I_2} = \frac{R_m}{R_{m-1}} = \frac{R_{m-1}}{R_{m-2}} = \cdots = \frac{R_1}{R_a}$$

设 $\dfrac{I_1}{I_2} = \beta$（$\dfrac{T_1}{T_2} = \beta$），称为起动电流比（起动转矩比），则得各级电枢电路总电阻的计算公式为

$$\left.\begin{array}{l} R_1 = \beta R_a \\ R_2 = \beta R_1 = \beta^2 R_a \\ \quad \vdots \\ R_m = \beta R_{m-1} = \beta^m R_a \end{array}\right\}$$

可见

$$\beta = \sqrt[m]{\frac{R_m}{R_a}}$$

如果给定 β，需求 m，则：

$$m = \frac{\lg \frac{R_m}{R_a}}{\lg \beta}$$

如需求分段电阻值，由前面公式可得：

$$\left. \begin{aligned} R_{\Omega 1} &= R_1 - R_a = (\beta - 1)R_a \\ R_{\Omega 2} &= R_2 - R_1 = (\beta^2 - \beta)R_a = \beta^2 R_{\Omega 1} \\ &\quad\vdots \\ R_{\Omega m} &= R_m - R_{m-1} = \beta R_{\Omega m-1} = \beta^{m-1} R_{\Omega 1} \end{aligned} \right\}$$

计算分级起动电阻，有两种情况：

（1）起动级数 m 未定：初选 $\beta \to R_m = \beta^m R_a \to$ 求 m，m 取整 $\to$ 计算 β 值 $\to$ 计算各级电阻或分段电阻。

（2）起动级数 m 已定，选定 $I_1 \to R_m = \dfrac{U}{I_1} \to$ 计算 β 值 $\to$ 计算各级电阻或分段电阻。

4．降电压起动

降低电源电压，起动电流 $I_s = \dfrac{U}{R_a}$。

起动时，以较低的电源电压起动电动机，起动电流便随电压的降低而正比减小。随着电动机转速的上升，反电动势逐渐增大，再逐渐提高电源电压，使起动电流和起动转矩保持在一定的数值上，从而保证电动机按需要的加速度升速。

降压起动虽然需要专用电源，设备投资较大，但它起动平稳，起动过程中能量损耗小，因而得到了广泛应用。

4.3.2 他励直流电动机的调速

大量生产机械（如各种机床、轧钢机、造纸机、纺织机械等）的工作机构要求在不同的情况下以不同的速度工作，要求用人为的方法改变其速度，这可用机械方法、电气方法或机械电气配合的方法。

电气调速是指在负载转矩不变的条件下，通过人为的方法改变电动机的有关参数，从而调节电动机和整个拖动系统的转速。

他励直流电动机的机械特性方程式为

$$n = \frac{U}{C_e \Phi} - \frac{R_a + R_\Omega}{C_e C_T \Phi^2} T$$

可以看出，调速方法有三种：电枢回路串电阻 R 调速、降压调速和弱磁调速。

1. 调速指标

（1）调速的技术指标

① 调速范围 D。

D 为额定负载转矩下电动机可能调到的最高转速 $n_{\max}$ 与最低转速 $n_{\min}$ 之比，即

$$D = \frac{n_{\max}}{n_{\min}}$$

式中，$n_{\max}$ 受电动机换向及机械强度的限制，$n_{\min}$ 受生产机械对转速相对稳定性要求的限制。不同的生产机械要求的调速范围是不同的，如车床的 $D=20\sim120$，龙门刨床的 $D=10\sim40$，造纸机的 $D=3\sim20$，轧钢机的 $D=3\sim120$ 等。

② 静差率 δ。

δ 为电动机由理想空载到额定负载运行的转速降 Δn_N 与理想空载转速 n_0 之比，用百分数表示为

$$\delta\% = \frac{\Delta n_N}{n_0} \times 100\% = \frac{n_0 - n_N}{n_0} \times 100\%$$

一般为 5%～10%。

静差率 δ 的大小反映静态转速相对稳定的程度，δ 越小，转速降 Δn_N 越小，转速相对稳定性越好。不同的生产机械要求不同的静差率，如普通车床的 $\delta \leq 30\%$，龙门刨的 $\delta \leq 10\%$，造纸机的 $\delta \leq 0.1\%$。

静差率与机械特性硬度有关。机械特性越硬，静差率越小，相对稳定性越好，但机械特性的硬度相同时，静差率 δ 并不相等，而是 n_0 较低的其 δ 较大。所以静差率 δ 与特性的硬度有关，但又不是同一个概念。

生产机械对静差率的要求限制了电动机允许达到的最低转速 $n_{\min}$，从而限制了调速范围。下面以调压调速的情况为例推导 D 与 δ 的关系，图 4-18 中曲线 1 和 3 为不同电压下的两条特性曲线，可得

$$D = \frac{n_{\max}}{n_{\min}} = \frac{n_{\max}}{n_0' - \Delta n_N} = \frac{n_{\max}}{n_0'\left(1 - \frac{\Delta n_N}{n_0'}\right)} = \frac{n_{\max}}{\frac{\Delta n_N}{\delta_0}(1-\delta)} = \frac{n_{\max}\delta}{\Delta n_N(1-\delta)}$$

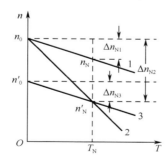

图 4-18 不同机械特性下的静差率

可见：生产机械允许的最低转速时的静差率 δ 越大，电动机允许的调速范围 D 越大。所以调速范围 D 只有在对 δ 有一定要求的前提下才有意义。

③ 平滑性。

在一定的调速范围内，调速的级数越多，调速越平滑，平滑程度用平滑系数 φ 来衡量。φ 的定义是相邻两级转速或线速度之比，即

$$\varphi = \frac{n_i}{n_{i-1}} = \frac{v_i}{v_{i-1}}$$

显然，φ 越接近 1，调速平滑性越好，$\varphi - 1 = \varepsilon$ 可以小于任意数，则 n 可调至任意数值，平滑性最好时称为无级调速。

④ 调速时的允许输出。

指保持额定电流条件下调速时，电动机允许输出的最大转矩或最大功率与转速的关系。允许输出的最大转矩与转速无关的调速方法称为恒转矩调速方法；允许输出的最大功率不变的称为恒功率调速方法。

（2）调速的经济指标

经济指标包含三个方面：一是调速设备初投资的大小；二是运行过程中能量损耗的多少；三是维护费用的高低。三者总和较小者的经济指标较好。

2. 调速方法

（1）电枢回路串电阻调速

保持 $U = U_N$、$\Phi = \Phi_N$，电枢回路串入适当大小的电阻 R_Ω 从而调节转速。原理可从图 4-19 所示机械特性上看出。

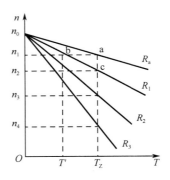

图 4-19　电枢串联电阻调速的机械特性

串电阻调速的物理过程：R 上升，E_a 不能突变，I_a 下降，T 下降，n 下降；E_a 下降，I_a 回升，T 上升至 T_Z 稳定，速度已由 n_1 下降至 n_2，要注意的是调速前后 T_Z 不变，所以 T 不变，I_a 也不变。

特点：只能将转速往下调，且静差率明显增大，所以调速范围 D 较小，平滑性差，损耗大，设备简单，投资少，属恒转矩调速。

适用于容量不大，低速运行时间不长，对调速性能要求不高的场合。

（2）降低电源电压调速

保持 $\Phi = \Phi_N$、$R = 0$，降低电源电压 U，从而调节转速。原理可以从如图4-20所示机械特性上看出。

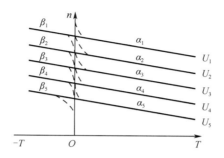

图4-20　降低电源电压调速的机械特性

降压调速的物理过程：U 下降，I_a 下降，T 下降，n 下降，E_a 下降，I_a 回升，T 回升至 T_Z 时恢复稳定运行，但 n 已降低。

特点：特性平行下移，δ 变化不明显，调速范围 D 较大，平滑性好，损耗小，需可调直流电源，初投资大。

适用于对调速性能要求较高的中大型容量拖动系统，如重型机床（龙门刨）、精密机床和轧钢机等。

（3）弱磁调速

保持 $U = U_N$、$R = 0$，调节励磁电流使之减小，即减弱磁通，从而调节转速。原理可从如图4-21所示机械特性上看出。弱磁调速的物理过程：I_f 下降，Φ 下降。

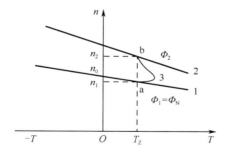

图4-21　减弱磁通的人为机械特性

n 不变，$E_a = C_e \Phi n$ 下降，I_a 上升超过 Φ 下降的程度。T 上升，n 上升，使 E_a 由一开始的下降经过某一最小值后逐渐回升。I_a 相应地由一开始的上升经最大值后下降，T 随之下降至 T_Z，恢复稳定运行。转速由 n_1 上升为 n_2。

特点：只能向上调，受换向和机械强度限制，调速范围不大，但静差率小，平滑性好，设备简单，损耗小，属恒功率调速。常与调压调速联合使用，以扩大调速范围。

（4）他励直流电动机三种调速方法的性能比较

他励直流电动机三种调速方法的性能比较如表4-3所示。

表 4-3　他励直流电动机三种调速方法的性能比较

调速方法	电枢串电阻	降电源电压	减弱磁通
调速方向	向下调	向下调	向上调
$\delta \leqslant 50\%$ 时的调速范围	0～2	10～12	1.2～2, 3～4 与 δ 无关
一定调速范围内转速的稳定性	差	好	较好
负载能力	恒转矩	恒转矩	恒功率
调速平滑性	有级调速	无级调速	无级调速
设备初投资	少	多	较多
电能损耗	多	较少	少

【例 4-2】一台他励直流电动机：$U_N = 220\text{V}$，$I_N = 20\text{A}$，$n_N = 1500\text{r/min}$，$R_a = 0.5\Omega$，带额定负载运行。

(1) 在电枢回路内串联电阻 $R = 1.5\Omega$，求串联后的转速（电枢电流不变）。

(2) 电枢不串联电阻，电压下降到 110V，求转速（电枢电流不变）。

(3) 若使磁通减少 10%，两电枢不串电阻，电源电压仍为 220V，求转速（转矩不变）。

解：

$$C_e \Phi_N = \frac{U_N - R_a I_N}{n_N} = \frac{220 - 0.5 \times 20}{1500} = 0.14$$

(1) $n = \dfrac{U_N - (R_a + R)I_N}{C_e \Phi_N} = \dfrac{220 - (0.5 + 1.5) \times 20}{0.14} = 1285.7\text{r/min}$

(2) $n = \dfrac{U_N - R_a I_N}{C_e \Phi_N} = \dfrac{110 - 0.5 \times 20}{0.14} = 714.3\text{r/min}$

(3) 根据调速前后转矩不变的条件，有
$$T = C_T \Phi_N I_N = C_T \Phi I_a$$

所以
$$I_a = \frac{\Phi_N}{\Phi} = \frac{1}{0.9} \times 20 = 22.2\text{A}$$

$$n = \frac{U_N - R_a I_a}{C_e \Phi} = \frac{220 - 0.5 \times 22.2}{0.14 \times 0.9} = 1658\text{r/min}$$

4.3.3　他励直流电动机的制动

电动机制动运行的主要特征是电磁转矩 T 的方向与转速 n 的方向相反，作用是电力拖动系统快速减速或停车和匀速下放重物。

根据实现制动的方法和制动时电动机内部能量转换关系的不同，制动运行分以下三种：能耗制动、反接制动和回馈制动。

1. 能耗制动

（1）实现能耗制动的方法

能耗制动时电路如图 4-22 所示，将电枢从电源上断开，通过制动电阻 R_Z 闭合。电枢由于惯性继续朝原来的方向旋转，切割磁场，感应电动势 E_a，方向与电动状态时相同，不同的是电枢电流 I 变为由 E_a 产生，与原来方向相反，电磁转矩 $T = C_e \Phi I_a$ 随之反向，T 与 n 反向，进入制动状态。制动过程中，电动机靠系统的动能发电，消耗在电枢回路的电阻上，故称为能耗制动。

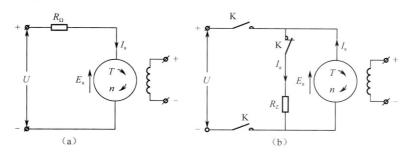

图 4-22　他励直流电动机及能耗制动状态下的电路图

（2）能耗制动时的机械特性

此时 $U = 0$、$R = R_a + R_Z$，机械特性方程式为

$$n = \frac{R_a + R_Z}{C_e C_T \Phi^2} T$$

可见其机械特性为过零点且位于第二、四象限的直线，如图 4-23 所示，其斜率决定于所串制动电阻的大小。

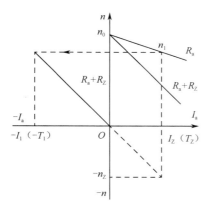

图 4-23　能耗制动的机械特性

（3）能耗制动的分析

制动电阻 R_Z 越小，机械特性斜率越小，制动开始瞬间的转矩（T_1）和电流（I_1）越

大。一般电流的最大值不允许超过 $2I_N$，为此 $R_a + R_Z \geq \dfrac{E_a}{2I_N}$，即

$$R_Z \geq \frac{E_a}{2I_N} - R_a$$

因为 $E_a \approx U$，所以 $R_Z \geq \dfrac{U_a}{2I_N} - R_a$。

如果电动机带的是位能性负载，则当 $T = 0$、$n = 0$ 时，由于 T_Z 仍大于零，将倒拉电动机反向运转，转速沿能耗制动机械特性第四象限部分升高，至 $T = T_Z$，转速为 $-n_Z$ 为止，匀速（n_Z）下放重物。如果要求下放时转速 $n = -n_Z$，代入机械特性方程式，可得应串电阻为

$$R_Z = \frac{C_e C_T \Phi^2 n_Z}{T} - R_a$$

式中，n_Z 代入下放转速的绝对值即可。

2. 反接制动

（1）倒拉反转的反接制动

① 实现方法。

他励电动机拖动位能性负载，电枢回路串入较大电阻，使 $n = 0$ 时的电磁转矩（起动转矩）小于负载转矩 T_Z。

② 机械特性。

$$n = \frac{U}{C_e \Phi} - \frac{R_a + R_\Omega}{C_e C_T \Phi^2} T = n_0 - \frac{R_a + R_\Omega}{C_e C_T \Phi^2} T$$

机械特性为电枢回路串较大电阻时人为特性在第四象限的部分，也就是正向电动运行时机械特性向第四象限的延伸，如图 4-24 所示。

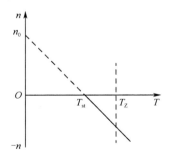

图 4-24 倒拉反转反接制动机械特性

反接制动时有

$$I_a(R_a + R_\Omega) = U - (-E_a) = U + E_a$$

两边同乘以 I_a，则得

$$I_a^2(R_a + R_\Omega) = UI_a + E_a I_a$$

式中，UI_a 为电网输入电动率，$E_a I_a$ 为由负载的位能自轴上输入转换而来的电磁功率，均

消耗在电枢回路的电阻上,能量损耗大。

③ 适用场合。

设备简单,操作方便,电枢回路串联电阻较大,机械特性较软,转速稳定性差,能量损耗大,适用于低速匀速下放重物。

(2)电枢反接的反接制动

① 实现方法。

如图 4-25 所示,使 K 断开、F 闭合,电枢电源反接的同时串入一个制动电阻 R_Ω,这时由于 U 反向,电流 $I_a = \dfrac{-U - E_a}{R_a + R_\Omega} = -\dfrac{U + E_a}{R_a + R_\Omega}$ 反向,T 反向,进入制动状态。

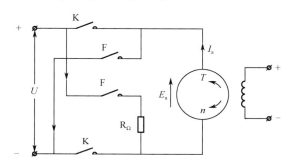

图 4-25 电枢反接的反接制动电路图

② 机械特性。

$$n = \frac{-U}{C_e \Phi} - \frac{R_a + R_\Omega}{C_e C_T \Phi^2} T = -n_0 - \frac{R_a + R_\Omega}{C_e C_T \Phi^2} T$$

机械特性在第二象限,如图 4-26 中的 BC 段所示。设电动机制动以前工作在电动状态,在固有特性上的 A 点运行,电枢反接,转矩瞬时变为 $-T_B$,沿 BC 迅速减速。

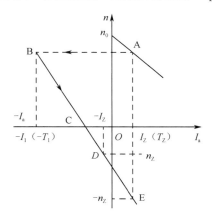

图 4-26 电枢反接时的人为机械特性

③ 分析。

电源反接制动时,如不串入附加电阻,则制动起始时的电枢电流 $I_a = -\dfrac{U + E_a}{R_a}$,其值将达到额定电流的 20～40 倍，即直接起动电流的 2 倍左右。这是绝对不允许的，所以必须串入制动电阻，一般限制最大电流为 $2I_N$，则制动电阻应为

$$R_\Omega \geq \frac{U+E_a}{2I_N} - R_a \approx \frac{U_N}{I_N} - R_a$$

可见，R_Ω 比能耗制动时的 R_Z 差不多大一倍，特性斜率比能耗制动大得多。

④ 适用场合。

设备简单，操作方便，制动转矩平均值较大，制动强烈，但能量损耗大，适用于要求快速停车的拖动系统，对于要求快速并立即反转的系统更为理想。

3. 回馈制动（再生制动）

（1）实现方法

他励直流电动机在电动状态下提升重物时，将电源反接，电动机进入电枢反接制动状态，转速 n 沿特性 BC 段迅速下降，至 C 点转速降到零时，如不断开电源，电动机必将反向起动，转速反向升高。至 F 点，$T=0$，但 $T_Z \neq 0$，系统在 T_Z 的作用下沿特性的 FE 段继续反向升速，工作点进入特性的第四象限部分，这时 $|-n|>|-n_0|$，$E_a>U$。电流 I_a 及 T 均变为正，而 n 为负，电动机进入制动状态。至 E 点，$T=T_Z$，稳速下放重物。由于 $E_a>U$，电流 I_a 与 E_a 同方向，与 U 反方向，所以电动机将位能转换为电能回馈电网，故称回馈制动。

他励直流电动机降压调速时，使 n_0 突然降到小于 n，也会自动进入回馈制动状态，加快减速过程，如图 4-27 所示。

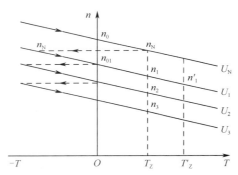

图 4-27 他励电动机降压、降速过程中的回馈制动特性

（2）机械特性

由上所述，机械特性曲线可能在第四象限，也可能在第二象限。

（3）分析

回馈制动过程中，有功率 UI_a 回馈电网，能量损耗最少。

（4）使用场合

用于高速匀速下放重物和降压、增加磁通调速过程中自动加快减速过程。

【例 4-3】 一台他励直流电动机：$P_N=29\text{kW}$，$U_N=440\text{V}$，$I_N=76.2\text{A}$，$n_N=1050\text{r/min}$，$R_a=0.393\Omega$。

① 电动机在反向回馈制动运行下放重物，设 $I_a = 60\text{A}$，电枢回路不串电阻，电动机的转速与负载转矩各为多少？回馈电源的电功率多大？

② 若采用能耗制动运行下放同一重物，要求电动机转速 $n = -300\text{r}/\min$，电枢回路应串入多大电阻？该电阻上消耗的电功率是多大？

③ 若采用倒拉反转下放同一重物，电动机转速 $n = -850\text{r}/\min$，电枢回路应串入多大电阻？电源送入电动机的电功率多大？串入的电阻上消耗多大的电功率？

解：

① 电动机在反向回馈制动运行下放重物时的转速、负载转矩和回馈电源的电功率的计算。

额定磁通时的 $C_e\Phi_N$ 为

$$C_e\Phi_N = \frac{U_N - R_a I_N}{n_N} = \frac{440 - 0.393 \times 76.2}{1050} = 0.3905$$

反向回馈制动运行时的转速为

$$n = \frac{-U_N - R_a I_a}{C_e\Phi_N} = \frac{-440 - 0.393 \times 60}{0.3905} = -1187\text{r}/\min$$

电枢电流 $I_a = 60\text{A}$ 时的负载转矩（忽略空载转矩）为

$$T_L = T = 9.55 C_e\Phi_N I_a = 9.55 \times 0.3905 \times 60 = 223.8\text{N}\cdot\text{m}$$

回馈电源的电功率为

$$P_1 = -U_N I_a = -440 \times 60 = -26400\text{W}$$

② 能耗制动运行下放同一重物，要求电动机转速 $n = -300\text{r}/\min$，电枢回路应串入电阻和电阻上消耗的电功率的计算。

电枢回路串电阻为

$$R = \frac{-C_e\Phi_N n}{I_a} - R_a = \frac{-0.3905 \times (-300)}{60} - 0.393 = 1.56\Omega$$

电阻上消耗的电功率为

$$p = I_a^2 R = 60^2 \times 1.56 = 5616\text{W}$$

③ 采用倒拉反转下放同一重物，电动机转速 $n = -850\text{r}/\min$，电枢回路串入电阻、电源送入电动机的功率和串入的电阻上电功率的计算。

电枢回路串电阻为

$$R = \frac{U_N - C_e\Phi_N n}{I_a} - R_a = \frac{440 - 0.3905 \times (-850)}{60} - 0.393 = 12.47\Omega$$

电源送入电动机的功率为

$$P_1 = U_N I_a = 440 \times 60 = 26400\text{W} = 26.4\text{kW}$$

电枢串入电阻上消耗的电功率为

$$p = I_a^2 R = 60^2 \times 12.47 = 44892\text{W} \approx 44.9\text{kW}$$

任务实施

实验 11：直流电动机调速、能耗制动测量实验

1. 实验目的

（1）掌握直流并励电动机的调速方法。
（2）掌握直流电动机的能耗制动方法。

2. 预习要点

（1）直流电动机调速原理是什么？
（2）直流电动机能耗制动的过程是什么？

3. 实验内容

（1）调速特性
① 改变电枢电压调速。
保持 $U=U_N$，$I_f=I_{fN}$=常数，T_2=常数，测取 $n=f(U_a)$。
② 改变励磁电流调速。
保持 $U=U_N$，T_2=常数，$R_1=0$，测取 $n=f(I_f)$。
（2）观察能耗制动过程

4. 实验设备及仪器

（1）电机教学实验台的主控制屏。
（2）电机导轨及涡流测功机、转矩转速测量、编码器、转速表。
（3）可调直流稳压电源（含直流电压表、电流表、毫安表）
（4）直流电压表、毫安表、安培表。
（5）直流并励电动机。
（6）波形测试及开关板。
（7）三相可调电阻。

5. 实验方法

（1）调速特性
① 实验线路如图 4-28 所示。
U_1：可调直流稳压电源。R_1、R_f：电枢调节电阻和磁场调节电阻。mA、A、V_2：直流毫安表、电流表、电压表。G：涡流测功机。I_s：涡流测功机励磁电流调节。

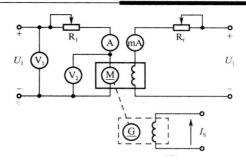

图 4-28 直流并励电动机接线图

② 改变电枢端电压的调速。

实验数据填入表 4-4 中。

表 4-4 实验数据记录表（$I_f=I_{fN}=$ A，$T_2=$ N·m，$U_a=$ V）

U_a (V)							
n (r/min)							
I_a (A)							

③ 改变励磁电流的调速。

实验数据填入表 4-5 中。

表 4-5 实验数据记录表（$U=U_N=$ V，$T_2=$ N·m，$n=$ r/min）

n (r/min)							
I_f (A)							
I_a (A)							

（2）能耗制动

按图 4-29 所示接线。U_1：可调直流稳压电源。R_1、R_f：直流电机电枢调节电阻和磁场调节电阻。R_L：两只 900Ω 电阻并联。S：双刀双掷开关。

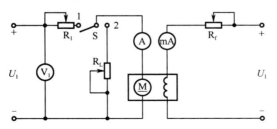

图 4-29 直流并励电动机能耗制动接线图

6. 注意事项

（1）直流电动机起动前，测功机加载旋钮调至零。实验做完也要将测功机负载旋钮调到零，否则电动机起动时，测功机会受到冲击。

（2）负载转矩表和转速表调零，如有零误差，在实验过程中要除去零误差。

（3）为安全起动，将电枢回路电阻调至最大，励磁回路电阻调至最小。

（4）转矩表反应速度缓慢，在实验过程中调节负载要慢。

（5）实验过程中按照实验要求，随时调节电阻，使有关的物理量保持常量，保证实验数据的正确性。

7．思考题

（1）当电动机的负载转矩和励磁电流不变时，减小电枢端压，为什么会引起电动机转速降低？

（2）当电动机的负载转矩和电枢端电压不变时，减小励磁电流会引起转速的升高，为什么？

（3）并励电动机在负载运行中，当磁场回路断线时是否一定会出现"飞速"？为什么？

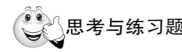

思考与练习题

4.1 换向器在直流电机中起什么作用？

4.2 直流电机铭牌上的额定功率是指什么功率？

4.3 主磁通既链着电枢绕组又链着励磁绕组，为什么却只在电枢绕组里产生感应电动势？

4.4 指出直流电机中以下哪些量方向不变，哪些量是交变的。

①励磁电流；②电枢电流；③电枢感应电动势；④电枢元件感应电动势；⑤电枢导条中的电流；⑥主磁极中的磁通；⑦电枢铁芯中的磁通。

4.5 他励直流电动机运行在额定状态，如果负载为恒转矩负载，减小磁通，电枢电流是增大、减小还是不变？

4.6 一般的他励直流电动机为什么不能直接起动？采用什么起动方法比较好？

4.7 如图 4-30 所示为一台空载并励直流电动机的接线，已知按图（a）接线时电动机顺时针起动，请标出按图（b）、（c）、（d）接线时，电动机的起动方向。

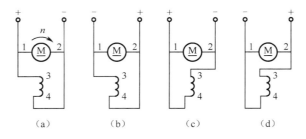

图 4-30 并励直流电动机接线图

4.8 $n_N = 1500 \text{r/min}$ 的他励直流电动机拖动转矩 $T_L = T_N$ 的恒转矩负载，在固有机械特性、电枢回路串电阻、降低电源电压及减弱磁通的人为特性运行，请在表 4-6 中填上有关数据。

表4-6 题4.8表

U	Φ	$(R_a+R)/\Omega$	$n_0 /(\text{r}\cdot\text{min}^{-1})$	$n/(\text{r}\cdot\text{min}^{-1})$	I_a/A
U_N	Φ_N		1650	1500	58
U_N	Φ_N	2.5			
$0.6U_N$	Φ_N	0.25			
U_N	$0.8\Phi_N$	0.25			

4.9 他励直流电动机拖动恒转矩负载调速机械特性如图4-31所示，请分析工作点从A_1向A调节时，电动机可能经过的不同运行状态。

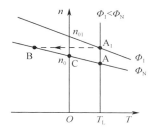

图4-31 直流电动机机械特性图

4.10 某他励直流电动机的额定数据：$P_N=17\text{kW}$，$U_N=220\text{V}$，$n_N=1500\text{r}/\text{min}$，$\eta_N=0.83$。计算$I_N$、$T_{2N}$及额定负载时的$P_{1N}$。

4.11 某他励直流电动机的额定数据：$P_N=6\text{kW}$，$U_N=220\text{V}$，$n_N=1000\text{r}/\text{min}$，$p_{\text{Cua}}=500\text{W}$，$p_0=395\text{W}$。计算额定运行时电动机的$T_{2N}$、$T_0$、$T_N$、$P_M$、$\eta_N$及$R_a$。

4.12 某他励直流电动机的额定数据：$P_N=54\text{kW}$，$U_N=220\text{V}$，$R_a=0.04\Omega$，$I_N=270\text{A}$，$n_N=1150\text{r}/\text{min}$。计算$C_e\Phi_N$，$T_N$，$n_0$，最后画出固有机械特性。

4.13 某他励直流电动机的额定数据：$P_N=7.5\text{kW}$，$U_N=220\text{V}$，$I_N=40\text{A}$，$n_N=1000\text{r}/\text{min}$，$R_a=0.5\Omega$。拖动$T_L=0.5T_N$恒转矩负载运行时，电动机的转速及电枢电流是多大？

4.14 画出习题4.13中电动机电枢回路串入$R=0.1R_a$和电压降到$U=150\text{V}$的两条人为机械特性。

4.15 Z_2-71他励直流电动机的额定数据：$P_N=17\text{kW}$，$U_N=220\text{V}$，$I_N=90\text{A}$，$n_N=1500\text{r}/\text{min}$，$R_a=0.147\Omega$。

（1）求直接起动时的起动电流。

（2）拖动额定负载起动，若采用电枢回路串电阻起动，要求起动转矩为$2T_N$，求应串入多大电阻；若采用降电压起动，电压应降到多大？

4.16 Z_2-51他励直流电动机的额定数据：$P_N=7.5\text{kW}$，$U_N=220\text{V}$，$I_N=41\text{A}$，$n_N=1500\text{r}/\text{min}$，$R_a=0.376\Omega$，拖动恒转矩负载运行，$T_L=T_N$，把电源电压降到$U=150\text{V}$。

（1）电源电压降低了，但电动机转速还来不及变化的瞬间，电动机的电枢电流及电磁转矩各是多大？电力拖动系统的起动转矩是多少？

（2）稳定运行转速是多少？

4.17 习题 4.16 中的电动机，拖动恒转矩负载运行，若把磁通减小到 $\Phi = 0.8\Phi_N$，不考虑电枢电流过大的问题，计算改变磁通前（Φ_N）后（$0.8\Phi_N$）电动机拖动负载稳定运行的转速。

（1）$T_L = 0.5T_N$；

（2）$T_L = T_N$。

4.18 某一生产机械采用他励直流电动机作为原动机，该电动机用弱磁调速，数据：$P_N = 18.5\text{kW}$，$U_N = 220\text{V}$，$I_N = 103\text{A}$，$n_N = 500\text{r/min}$，最高转速 $n_{\max} = 1500\text{r/min}$，$R_a = 0.18\Omega$。

（1）若电动机拖动恒转矩负载 $T_L = T_N$，求当把磁通减弱至 $\Phi = \frac{1}{3}\Phi_N$ 时电动机的稳定转速和电枢电流。电机能否长期运行？为什么？

（2）若电动机拖动恒功率转矩负载 $P_L = P_N$，求 $\Phi = \frac{1}{3}\Phi_N$ 时电动机的稳定转速和转矩。此时能否长期运行？为什么？

4.19 一台他励直流电动机 $P_N = 17\text{kW}$，$U_N = 110\text{V}$，$I_N = 185\text{A}$，$n_N = 1000\text{r/min}$，已知电动机最大允许电流 $I_{a\max} = 1.8I_N$，电动机拖动 $T_L = 0.8T_N$ 负载电动运行，求：

（1）若采用能耗制动停车，电枢应串入多大电阻；

（2）若采用反接制动停车，电枢应串入多大电阻；

（3）两种制动方法在制动开始瞬间的电磁转矩；

（4）两种制动方法在制动到 $n = 0$ 时的电磁转矩。

4.20 一台他励直流电动机 $P_N = 13\text{kW}$，$U_N = 220\text{V}$，$I_N = 68.7\text{A}$，$n_N = 1500\text{r/min}$，$R_a = 0.195\Omega$，拖动一台安装吊车的提升机构，吊装时用抱闸抱住，使重物停在空中。若提升某重物吊装时，抱闸损坏，需要用电动机把重物吊在空中不动，已知重物的负载转矩 $T_L = T_N$，求此时电动机电枢回路应串入多大电阻。

4.21 一台他励直流电动机拖动某起重机提升机构，他励直流电动机的 $P_N = 30\text{kW}$，$U_N = 220\text{V}$，$I_N = 158\text{A}$，$n_N = 1000\text{r/min}$，$R_a = 0.069\Omega$，当下放某一重物时，已知负载转矩 $T_L = 0.7T_N$，若欲使重物在电动机电源电压不变时，以 $n = -550\text{r/min}$ 的转速下放，电动机可能运行在什么状态？计算该状态下电枢回路应串入的电阻值。

4.22 某卷扬机由他励直流电动机拖动，电动机的数据：$P_N = 11\text{kW}$，$U_N = 440\text{V}$，$I_N = 29.5\text{A}$，$n_N = 730\text{r/min}$，$R_a = 1.05\Omega$，下放某重物时负载转矩 $T_L = 0.8T_N$。

（1）若电源电压反接、电枢回路不串电阻，求电动机的转速。

（2）若用能耗制动运行下放重物，电动机转速绝对值最小是多少？

（3）若下放重物要求转速为 -380r/min，可采用几种方法？电枢回路需要串入的电阻是多少？

4.23 一台他励直流电动机数据：$P_N = 29\text{kW}$，$U_N = 440\text{V}$，$I_N = 76.2\text{A}$，$n_N = 1050\text{r/min}$，$R_a = 0.393\Omega$。

（1）电动机在反向回馈制动运行下放重物，设 $I_a = 60A$，电枢回路不串电阻，电动机的转速与负载转矩各为多少？回馈电源的电功率是多大？

（2）若采用能耗制动运行下放同一重物，要求电动机转速 $n = -300 \text{r/min}$，电枢回路应串入多大电阻？该电阻上消耗的电功率是多大？

（3）若采用倒拉反转下放同一重物，电动机转速 $n = -850 \text{r/min}$，电枢回路应串入多大电阻？电源送入电动机的电功率是多大？串入的电阻上消耗多大电功率？

项目 5 微控电机的工作原理与应用

知识目标

1. 理解交、直流伺服电动机的工作原理,掌握交流伺服电动机如何消除"自转";
2. 熟悉步进电动机的特点,掌握步进电动机的工作原理;
3. 理解直线电动机的用途。

技能目标

了解交、直流伺服电动机的控制方式。

任务 5.1 伺服电动机

任务导入

伺服电动机把输入的信号电压变为转轴的角位移或角速度输出,转轴的转向与转速随信号电压的方向和大小而改变,并且能带动一定大小的负载,在自动控制系统中作为执行元件,故伺服电动机又称为执行电动机。

知识准备

根据信号电压性质的不同,伺服电动机分为直流伺服电动机和交流伺服电动机两大类,其中交流伺服电动机又可分为异步伺服电动机和同步伺服电动机。直流伺服电动机的基本结构、工作原理及内部电磁关系和普通的直流电动机相同,其输出功率一般为 0.1~100W,常用的为 30W 以下。异步伺服电动机通常分为笼型转子两相伺服电动机和空心杯形转子两相伺服电动机。同步伺服电动机包括永磁式同步电动机、磁阻式同步电动机和磁滞式同步电动机。

伺服电动机的种类多,应用场合也各不相同,但概括起来,自动控制系统对伺服电动机的要求包括以下几个方面:

(1)调速范围宽。改变控制电压,要求伺服电动机的转速在宽广的范围内连续调节。

(2) 机械特性和调节特性为线性。伺服电动机的机械特性是指控制电压一定时转速随转矩变化的关系；调节特性是在一定的负载转矩下，电动机稳态转速随控制电压变化的关系。线性的机械特性和调节特性有利于提高控制系统的精度。

(3) 无"自转"现象。伺服电动机在控制电压消失后，应立即停转。

(4) 动态响应快。伺服电动机的机电时间常数要小，而它的堵转转矩要大，转动惯量要小，改变控制电压时电机的转速能快速响应。

另外，还有其他一些要求，如要求伺服电动机具有较小的控制功率，以减小控制器的尺寸等。

5.1.1 直流伺服电动机

1. 结构和分类

按电机结构，直流伺服电动机可分为传统型和低惯量型两大类。

(1) 传统型直流伺服电动机

传统型直流伺服电动机的结构形式与普通直流电动机相同，只是它的容量和体积要小得多。它由定子和转子两部分组成。按励磁方式它又可以分为电磁式和永磁式两种。电磁式直流伺服电动机的定子铁芯通常由硅钢片冲制叠压而成，励磁绕组直接绕制在磁极铁芯上，如图 5-1 所示。永磁式直流伺服电动机的定子上安装有永久磁钢制成的磁极，经充磁后产生气隙磁场。

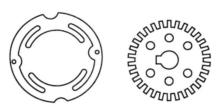

图 5-1 电磁式直流伺服电动机的定子冲片

电磁式和永磁式直流伺服电动机的转子铁芯由硅钢片冲制叠压而成，在转子冲片的外圆周上开有均匀的齿槽，在槽中嵌入电枢绕组，通过换向器和电刷与外电路相连。

(2) 低惯量直流伺服电动机

相对于传统型直流伺服电动机，低惯量直流伺服电动机的机电时间常数小，大大改善了电机的动态特性。常见的低惯量直流伺服电动机有空心杯形转子直流伺服电动机、盘式电枢直流伺服电动机和无槽电枢直流伺服电动机。

① 空心杯形转子直流伺服电动机。

如图 5-2 所示的结构简图，其定子部分包括一个外定子和一个内定子。外定子可以由永久磁钢制成，也可以是通常的电磁式结构。内定子由软磁材料制成，以减小磁路的磁阻，仅作为主磁路的一部分。空心杯形转子上的电枢绕组，可以采用印制绕组，也可以先绕成单个成形绕组，然后将它们沿圆周的轴向排列成空心杯形，再用环氧树脂固化。电枢绕组的端侧与换向器相连，由电刷引出。空心杯转子直接固定在转轴上，在内、外定子的气隙中旋转。

也有内定子采用永久磁钢制成，外定子采用软磁材料的结构，这时外定子为主磁路的一部分。

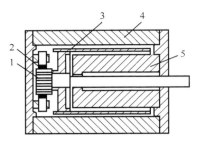

图 5-2　空心杯形转子直流伺服电动机结构简图

② 盘式电枢直流伺服电动机。

图 5-3 为盘式电枢直流伺服电动机结构图，其定子由永久磁钢和前后软磁铁组成，磁钢放置在圆盘的一侧，并产生轴向磁场，它的磁极比较多，一般制成 6 极、8 极或 10 极。盘形电枢上的电枢绕组中的电流沿径向流过圆盘表面，并与轴向磁通相互作用产生电磁转矩。

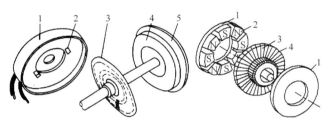

图 5-3　盘式电枢直流伺服电动机结构图

盘式电机大都是永磁式，其工作原理与柱式电机相同，所以它与柱式电机一样，既可以制成电动机，也可以制成发电机。一般来说，每种柱式电机都有相对应的盘式电机。

盘式永磁直流伺服电动机的主要特点：

a. 转动部分只有电枢绕组，转动惯量小，具有快速响应能力，可以用于频繁起、制动和正、反转的场合。

b. 轴向尺寸短，可适用于安装空间较小的场合。

c. 采用无铁芯电枢结构，不存在普通柱式电机由于齿槽效应而产生的转矩脉动，运行平稳。

d. 不存在磁滞和涡流损耗，电机效率较高。

e. 电枢采用非磁性材料制成，电枢绕组电感小，换向火花小。

f. 电枢绕组两端面直接与气隙接触，有利于电枢绕组的散热，减小电机的体积。

③ 无槽电枢直流伺服电动机。

无槽电枢直流伺服电动机的电枢铁芯上不开槽，电枢绕组直接排列在铁芯圆周表面，再用环氧树脂将它和电枢铁芯固化成一个整体，如图 5-4 所示，这种电机的转动惯量和电枢绕组的电感比前面介绍的两种无铁芯转子的电机要大些，动态性能也比它们差。

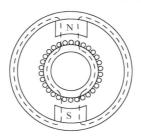

图 5-4 无槽电枢直流伺服电动机示意图

2. 控制方法

对于直流电动机，电机转速 n 和电枢电压 U_a、励磁磁通 Φ、电枢电流 I_a、电枢绕组电阻 R_a 之间的关系为

$$n = \frac{U_a - I_a R_a}{C_e \Phi} \quad (5-1)$$

电枢电流 I_a 和电磁转矩 T_e 的关系为

$$T_e = C_T \Phi I_a \quad (5-2)$$

将式（5-2）代入式（5-1）得

$$n = \frac{U_a}{C_e \Phi} - \frac{R_a}{C_T C_e \Phi^2} T_e \quad (5-3)$$

由式（5-3）可知，在电磁转矩不变的情况下，改变电枢电压 U_a 或励磁磁通 Φ，都可以控制电机的转速。通过改变电枢电压来控制电机转速的方法称为电枢控制；用调节磁通来控制转速的方法称为磁极控制。改变电枢电压来控制转速，适用于电励磁和永磁励磁直流伺服电动机。通过调节磁通来控制转速，仅适用于电励磁直流伺服电动机。但因停转时电枢电流大，磁极绕组匝数多、电感大，时间常数大等缺点，很少采用。在此，仅对电枢控制时直流伺服电动机的特性进行分析，原理如图 5-5 所示。

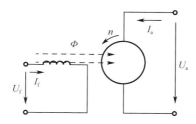

图 5-5 电枢控制时直流伺服电动机的工作原理图

3. 静态特性

直流伺服电动机的静态特性包括机械特性和调节特性。为了简化分析，可做如下假定：

① 电机磁路不饱和。
② 电刷位于几何中心线。

（1）机械特性

机械特性是指控制电压保持不变时，电机的转速随电磁转矩变化的关系，即 U_a 为常数时，$n = f(T_e)$。

由式（5-3）可知，在电枢电压 U_a 一定的条件下，由于磁通 Φ=常数，式（5-3）的右边除了电磁转矩 T_e 以外都是常数，因此转速 n 是电磁转矩 T_e 的线性函数。式（5-3）可以表示为一个直线方程，即

$$n = \frac{U_a}{C_e \Phi} - \frac{R_a}{C_T C_e \Phi^2} T_e = n_0 - kT_e \tag{5-4}$$

机械特性如图 5-6 所示。机械特性是线性的，特性曲线在纵轴上的截距为电磁转矩等于零时电动机的理想空载转速 n_0，即

$$n_0 = \frac{U_a}{C_e \Phi} \tag{5-5}$$

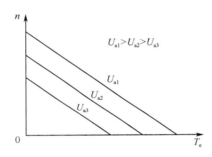

图 5-6 电枢控制时直流伺服电动机的机械特性

令电机的转速 $n=0$，特性曲线在横轴上的截距为

$$T_d = \frac{C_T \Phi}{R_a} U_a \tag{5-6}$$

式中，T_d 为电动机的堵转转矩。

特性曲线的斜率为

$$k = \frac{R_a}{C_T C_e \Phi^2} \tag{5-7}$$

式中，k 表示直流伺服电动机机械特性的硬度。

式（5-4）中，k 前的负号表示特性曲线是下降的，即随着电磁转矩 T_e 的增加，电机的转速减小；反之，当电磁转矩减小时，转速上升。从式（5-5）、式（5-6）可知，随着电枢电压 U_a 的增加，空载转速 n_0 和堵转转矩 T_d 增大，而斜率 k 不变，所以，电枢控制时直流伺服电动机的机械特性是相互平行的直线。从式（5-7）可知，直流伺服电动机机械特性的斜率 k 与电枢电阻 R_a 成正比，电枢电阻 R_a 大，斜率 k 也大，机械特性就软；反之，电枢电阻 R_a 小，斜率 k 也小，机械特性就硬。因此，直流伺服电动机工作时，总希望电枢电阻 R_a 的数值小。

若直流伺服电动机用于自动控制系统中，电动机的电枢电压 U_a 由系统中的放大器提供，放大器存在内阻。因此，对于电动机来说，放大器可以等效为一个电动势 E_i 和一个内阻 R_i 的串联，考虑放大器内阻后电动机的电枢回路如图 5-7 所示。电枢回路的电压平衡方程式为

$$E_i = U_a + I_a R_i = E_a + I_a (R_a + R_i) \tag{5-8}$$

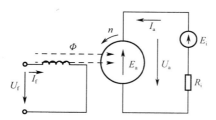

图 5-7　考虑放大器内阻时电枢电路

这时的机械特性的斜率为

$$k = \frac{R_a + R_i}{C_T C_e \Phi^2} \tag{5-9}$$

电动机的理想空载转速为

$$n_0 = \frac{E_i}{C_e \Phi} \tag{5-10}$$

图 5-8 为放大器内阻对直流伺服电动机机械特性的影响。由图可见，放大器内阻越大，机械特性越软。因此，为改善电动机的特性，希望降低放大器的内阻。

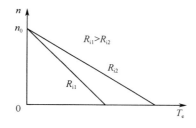

图 5-8　放大器内阻对直流伺服电动机机械特性的影响

（2）调节特性

调节特性是指负载转矩恒定时，电机的转速随控制电压变化的关系，即 T_l 为常数时，$n = f(U_a)$，如图 5-9 所示。

当负载转矩为 T_l 时，由式（5-3）得电机的转速 n 与控制电压 U_a 的关系为

$$n = \frac{U_a}{C_e \Phi} - \frac{R_a}{C_T C_e \Phi^2} T_l \tag{5-11}$$

对应的直流伺服电动机的调节特性如图 5-9 所示，也是一组平行的直线。直线的斜率为 $1/C_e\Phi$，它与负载大小无关，仅由电机的参数决定。

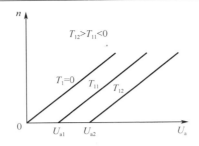

图 5-9 电枢控制时直流伺服电动机的调节特性

当电机转速 $n=0$ 时有

$$U_a = \frac{R_a T_1}{C_T \Phi} \tag{5-12}$$

调节特性与横轴的交点，表示在负载转矩 T_1 下电动机的始动电压。在负载转矩一定时，当电机的控制电压大于相应的始动电压，伺服电动机便能起动并在一定的转速下运行；反之，控制电压小于相应的始动电压则伺服电动机产生的电磁转矩仍小于起动转矩，电机不能起动。所以，在调节特性曲线上从原点到始动电压对应的横坐标所示的范围，称为在该负载转矩时伺服电动机的失灵区。显然，始动电压即失灵区的大小与负载转矩的大小成正比。

由上述可知，电枢控制时直流伺服电动机的机械特性和调节特性都是一组平行的直线。这是直流伺服电动机十分重要的优点，也是交流伺服电动机所不及的。但是，实际的直流伺服电动机的特性曲线是一组近似直线的曲线。

5.1.2 交流伺服电动机

1. 结构特点

交流伺服电动机分为定子和转子两大部分。定子铁芯中安放着空间互为 90°的两相绕组，其中一相作为励磁绕组，运行时接至电压为 U_f 的交流电源上；另一相作为控制绕组，输入控制电压 U_c，电压 U_c 与 U_f 的频率相同。

由于伺服电动机在自动控制系统中作为执行元件。对其要求有：①转子速度的快慢能反映控制信号的强弱，转动方向能反映控制信号的相位，调速范围要宽；②无控制信号时，转子不能转动；③当电机转动起来以后，如控制信号消失，应立即停止转动；④为减小体积和重量，信号频率一般采用 400、500 或 1000Hz。

交流伺服电动机的转子通常有三种结构形式：高电阻率导条的笼型转子、非磁性空心杯形转子和铁磁性空心转子。其中，应用较多的是前两种。

（1）高电阻率导条的笼型转子

这种转子结构与普通鼠笼式异步电动机类似，但是为了减小转子的转动惯量，做得细而长。转子导条和端环既可采用高电阻率的导电材料（如黄铜、青铜等）制造，也可采用铸铝转子。

（2）非磁性空心杯形转子

定子分外定子铁芯和内定子铁芯两部分，由硅钢片冲制叠成。外定子铁芯槽中放置空间相距 90°的两相分布绕组。内定子铁芯中不放绕组，仅作为磁路的一部分，以减小主磁通磁路的磁阻。空心杯形转子用非磁性铝或铝合金制成，放在内、外定子铁芯之间，并固定在转轴上。

由于非磁性空心杯转子的壁厚约为 0.2～0.6mm，因而其转动惯量很小，故电机快速响应性能好，而且运转平稳平滑，无抖动现象。由于使用内、外定子，气隙较大，故励磁电流较大，体积也较大。

交流伺服电动机与普通异步电动机的重要区别之一是转子电阻大。当转子电阻足够大时，临界转差率 $s_m \geq 1$，电动机的可调转速范围在 0 到同步转速之间。另一方面，随着转子电阻的增大，异步电动机的机械特性更接近于线性关系。因此，为了满足交流伺服电动机调速范围宽和机械特性线性的要求，应使转子电阻足够大。增大转子电阻后，还能够防止出现"自转"现象。

2. 控制方式

如果在交流伺服电动机的励磁绕组和控制绕组上分别加两个幅值相等、相位差 90°的电压，那么电机的气隙磁场是一个圆形旋转磁场。如果改变控制电压 $\dot{U}_c$ 的大小或相位，那么气隙磁场是一个椭圆形旋转磁场，控制电压 $\dot{U}_c$ 的大小或相位不同，气隙的椭圆形旋转磁场的椭圆度不同，产生的电磁转矩也不同，从而调节电机的转速；当 $\dot{U}_c$ 的幅值为 0V 或者 $\dot{U}_c$ 与 $\dot{U}_f$ 相位差为 0°时，气隙磁场为脉振磁场，无起动转矩。因此，交流伺服电动机的控制方式有以下三种。

（1）幅值控制

幅值控制是保持励磁电压的幅值和相位不变，通过改变控制电压 $\dot{U}_c$ 的大小来控制电机转速，如图 5-10 所示，此时控制电压 $\dot{U}_c$ 与励磁电压 $\dot{U}_f$ 之间的相位差始终保持 90°。当控制电压 $\dot{U}_c = 0$ 时，电机停转；当控制电压反相时，电机反转。若控制绕组的额定电压 $\dot{U}_{cN} = \dot{U}_f$，那么控制信号的大小可表示为 $U_c = \alpha U_{cN}$，α 称为有效信号系数。

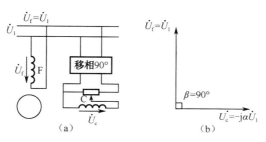

图 5-10 幅值控制

当有效信号系数 $\alpha=1$ 时，控制电压 $\dot{U}_c$ 与 $\dot{U}_f$ 的幅值相等，相位相差 90°，且两绕组空间相差 90°。此时所产生的气隙磁通势为圆形旋转磁通势，产生的电磁转距最大；当 $\alpha<1$ 时，控制电压小于励磁电压的幅值，所建立的气隙磁场为椭圆形旋转磁场，产生的电磁转矩减小。α 越小，气隙磁场的椭圆度越大，产生的电磁转矩越小，电机转速越慢，在 $\alpha=0$ 时，控制信号消失，气隙磁场为脉振磁场，电机不转或停转。

（2）相位控制

这种控制方式是通过改变控制电压 $\dot{U}_c$ 与励磁电压 $\dot{U}_f$ 之间的相位差来实现对电机转速和转向的控制，而控制电压的幅值保持不变，如图 5-11 所示。

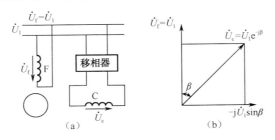

图 5-11 相位控制

励磁绕组直接接到交流电源上，而控制绕组经移相后接到同一交流电压上，$\dot{U}_c$ 与 $\dot{U}_f$ 的频率相同。而 $\dot{U}_c$ 相位通过移相器可以改变，从而改变两者之间的相位差 β，$\sin\beta$ 称为相位控制的信号系数。

改变 $\dot{U}_c$ 与 $\dot{U}_f$ 相位差 β 的大小，可以改变电机的转速，还可以改变电机的转向：将交流伺服电动机的控制电压 $\dot{U}_c$ 的相位改变 180°时（即极性对换），若原来的控制绕组内的电流 $\dot{I}_c$ 超前励磁电流 $\dot{I}_f$，相位改变 180°后，$\dot{I}_c$ 反而滞后 $\dot{I}_f$，从而电机气隙磁场的旋转方向与原来相反，使交流伺服电动机反转。

（3）幅值—相位控制（或称电容控制）

如图 5-12 所示，励磁绕组串接电容 C 后再接到交流电源上，控制电压 $\dot{U}_c$ 与电源同相位，但幅值可以调节，当 $\dot{U}_c$ 的幅值可以改变时，转子绕组的耦合作用使励磁绕组的电流 $\dot{I}_f$ 也变化，从而使励磁绕组上的电压 $\dot{U}_f$ 及电容 C 上的电压 $\dot{U}_c$ 也跟随改变，$\dot{U}_c$ 与 $\dot{U}_f$ 的相位差也随之改变，即改变 $\dot{U}_c$ 的大小，$\dot{U}_c$ 与 $\dot{U}_f$ 的相位差也随之改变，从而改变电机的转速。

幅值—相位控制线路简单，不需要复杂的移相装置，只需电容进行分相，具有线路简单、成本低廉、输出功率较大的优点，因而成为使用最多的控制方式。

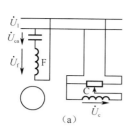 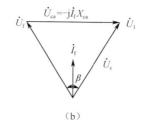

图 5-12 幅值—相位控制（电容控制）

3. 交流伺服电动机的静态特性

和直流伺服电动机一样，可用机械特性和调节特性来表征交流伺服电动机的静态运行性能。

（1）机械特性

不同控制方式时交流伺服电动机的机械特性不同，但它们的分析方法相同。

由于转矩与转速的关系十分复杂，因此用标幺值表示具有普遍意义。由机械特性，采用作图的方法可得到调节特性。

各种控制方式下的调节（控制）特性均为非线性，但是在相对速度较小、信号系数较小时，都接近直线。所以，为获得线性的调节特性，伺服电机应工作在相对转速较低的状态下。

从图5-13（a）中可以看出，幅值控制时异步伺服电动机的机械特性是一组曲线。只有当有效信号系数$\alpha_e=1$，即圆形旋转磁场时，异步伺服电动机的理想空载转速才是同步转速。当有效信号系数$\alpha_e \neq 1$，即椭圆形旋转磁场时，电机的理想空载转速将低于同步转速。转子转速不能达到同步转速n_s，故理想空载转速只能是小于n_s的n_0。有效信号系数α_e越小，磁场椭圆度越大，反向转矩越大，理想空载转速就越低。

应用类似的方法，可得相位控制、幅值—相位控制时的机械特性，如图 5-13（b）、（c）所示。

（2）调节特性

交流伺服电动机的调节特性是指电磁转矩不变时，转速与控制电压的关系，即T_{e*}为常数时，$n_* = f(\alpha_e)$或$n_* = f(\sin\beta)$。各种控制方式下的调节特性如图5-13所示。

由图5-13可知，交流伺服电动机的调节特性都不是线性关系，仅在转速标幺值较小和信号系数α_e不大的范围内才近似于线性关系。所以，为了获得线性的调节特性，伺服电动机应工作在较小的相对转速范围内，这可通过提高伺服电动机的工作频率来实现。

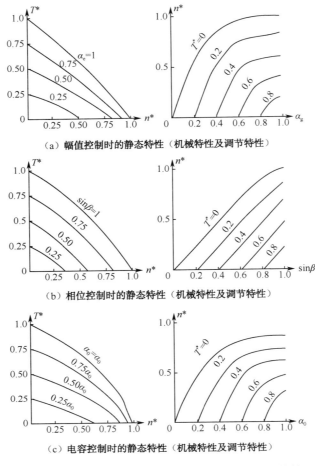

图 5-13 交流异步伺服电动机的机械特性及调节特性

5.1.3 直流伺服电动机与交流伺服电动机的比较

直流伺服电动机和交流伺服电动机都可作为控制系统中的执行元件，但应根据各自的特点和使用的具体情况，合理选用，如表 5-1 所示。

（1）机械特性。直流伺服电动机的机械特性是线性的，在不同控制电压下，机械特性相互平行，而且特性很硬；但交流伺服电动机的机械特性是非线性的，特性的斜率随着控制信号的不同而变化，机械特性较软，特别在低速段更加严重。

（2）快速响应性。主要考虑电动机的机电时间常数。由于直流伺服电动机的转子上有电枢和换向器，其惯量较大，但由于其机械特性很硬，即在相同的空载转速下，堵转转矩大得多。因此总的来看，直流伺服电动机的机电时间常数比交流伺服电动机的大得不多，但在带较大负载时，直流伺服电动机的机电时间常数就要比交流伺服电动机的小。

（3）体积、重量和效率。由于交流伺服电动机的转子电阻较大，损耗大、效率低，而且通常运行在椭圆旋转磁场的情况下，反向磁场的阻转矩作用使电机的有效转矩减小，这就使电机的利用程度变差，因此在同样输出功率时，交流伺服电动机要比直流伺服电动机的体积大、重量重、效率低，这样它只适用于 0.5～100W 的小功率控制系统中，而在几十瓦到几千瓦的功率较大的控制系统中，较多地采用直流伺服电动机。

（4）结构复杂性、运行可靠性及对系统的干扰等。由于直流伺服电动机需要电刷和换向器，使其结构变得复杂，工作的稳定性和可靠性都较差，而且换向器上产生的火花引起的无线电干扰会影响其他系统的正常工作，同时由于电刷与换向器之间的摩擦增加了电机的阻力矩，使电机工作不稳定并产生较大的死区，影响电机的灵敏性；而交流伺服电动机结构简单，运行可靠，在不易检修的地方使用时，优点更加突出。

表 5-1　直流伺服电动机与交流伺服电动机的性能比较

	交　流	直　流
静态特性	非线性，且理想线性机械特性也不平行	线性且平行
效率、体积、重量	因为转子电阻大，且工作在椭圆磁场下，所以电磁转矩小，损耗大，效率低	体积小，重量轻，效率高，所以功率较大的系统均采用直流电机
动态响应	J 小，T_{st} 小。时间常数相近	J 大，T_{st} 大
"自转"现象	可能会出现	无
电刷、换向器	无，故结构简单、运行可靠	有
放大器	简单	直流放大器有零点漂移，且体积重量较大

任务 5.2　步进电动机

任务导入

步进电动机是一种用电脉冲信号进行控制，并将电脉冲信号转换成相应的角位移或线位移的控制电机，常作为数字控制系统中的执行元件。由于其输入信号是脉冲电压，输出角位移是断续的，即每输入一个电脉冲信号，转子就前进一步，因此称做步进电动机，也称为脉冲电动机。

知识准备

步进电动机的主要优点：

① 转速和步距值不受电压波动、负载变化和温度变化等的影响，只与脉冲频率同步，转子运动的总位移量只取决于总的脉冲信号数。

② 开环控制，无须反馈，系统结构大为简化，工作更加可靠，维护更加方便，在一般定位驱动装置中具有足够高的精度。

③ 控制性能好，可以在很宽的范围内通过改变脉冲的频率来调节电机的转速，起动、制动、反向及其他任何运行方式的改变，都在少数脉冲内完成。

④ 误差不积累。步进电动机每走一步所转过的角度与理论值之间总有一定的误差，但它每转一圈都有固定的步数，所以在不失步的情况下，其步距误差是不会积累的。

主要缺点：效率较低，需配适当的驱动电源，带惯性负载的能力不强。

主要种类：

① 励磁方式：磁阻式（反应式）、永磁式、混合式。

② 运行方式：旋转型、直线型、平面型。

系统构成如图 5-14 所示。

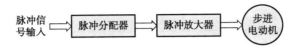

图 5-14　步进电动机的系统构成

步进电动机从转子结构上来说，主要包括反应式、永磁式和混合式三种。反应式步进电动机的工作原理与磁阻式同步电动机相似，都是利用磁力线力图通过磁阻最小路径的原理来产生磁阻转矩，因此又称为磁阻式步进电动机；永磁式步进电动机依靠转子永磁体和定子绕组磁动势之间所产生的电磁转矩工作；混合式步进电动机则是反应式和永磁式的结合，结构较为复杂。

步进电动机不同于普通的交、直流电动机，它必须与驱动控制器、直流电源组成系统方能正常运行。在实际系统中，步进电动机和驱动控制器是两个不可分割的组成部分，这是因为给步进电动机定子控制绕组所加的电源既不是正弦交流，也不是恒定直流，而是脉冲电压。

5.2.1　反应式步进电动机的结构与工作原理

1. 反应式步进电动机的结构

反应式步进电动机有多种结构形式，按定、转子铁芯的段数分为单段式和多段式两种。

（1）单段式

单段式是指定、转子为一段铁芯。由于各相绕组沿圆周方向均匀排列，所以又称为径向分相式。它是步进电动机中使用最多的一种结构形式。

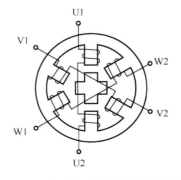

图 5-15　三相反应式步进电动机的结构

(2) 多段式

多段式是指定、转子铁芯沿电机轴向按相数分成 m 段。由于各相绕组沿着轴向分布，所以又称为轴向分相式。

① 径向磁路。

多段式径向磁路反应式步进电动机如图 5-16（a）所示。

② 轴向磁路。

多段式轴向磁路反应式步进电动机如图 5-16（b）所示。

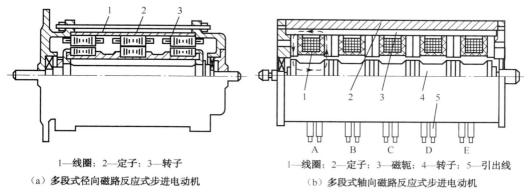

1—线圈；2—定子；3—转子
（a）多段式径向磁路反应式步进电动机

1—线圈；2—定子；3—磁轭；4—转子；5—引出线
（b）多段式轴向磁路反应式步进电动机

图 5-16　反应式步进电动机

2. 反应式步进电动机的工作原理

反应式步进电动机利用凸极转子交轴磁阻与直轴磁阻之差所产生的反应转矩（或磁阻转矩）而转动，所以也称为磁阻式步进电动机。

三相反应式步进电动机有三种运行方式：

① 三相单三拍运行；

② 三相双三拍运行；

③ 三相单、双六拍运行。

"三相"指步进电机的相数；"单"指每次只给一相绕组通电；"双"指每次同时给二相绕组通电；"三拍"指通电三次完成一个循环。

（1）三相单三拍运行方式

如图 5-17 所示，按 A—B—C—A 的顺序通电，电机转子在磁阻转矩作用下沿 ABC 方向转动，电机的转速直接取决于控制绕组的换接频率。

定子控制绕组每改变一次通电方式，称为一拍，此时电机转子所转过的空间角度称为步距角。

$$\theta_s = \frac{\theta_t}{3} = \frac{90°}{3} = 30°$$

（2）三相双三拍运行方式

如图 5-18 所示，按 AB—BC—CA—AB 或相反的顺序通电，每次同时给两相绕组通电，且三次换接为一个循环。步距角与三相单三拍运行方式的相同。

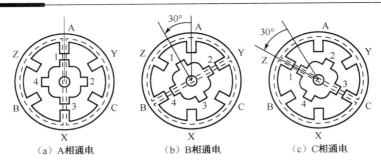

图 5-17 反应式步进电动机三相单三拍运行方式

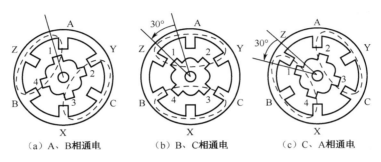

图 5-18 反应式步进电动机三相双三拍运行方式

图 5-18 为三相双三拍运行方式，在切换过程中总有两相绕组处于通电状态，转子齿极受到定子磁场控制，不易失步和振荡。

（3）三相单、双六拍运行方式

如图 5-19 所示，按 A—AB—B—BC—C—CA 或相反顺序通电，即需要六拍才完成一个循环，因此步距角为

$$\theta_s = \frac{\theta_t}{6} = \frac{90°}{6} = 15°$$

一般而言，无论几相电机及采用何种运行方式，步距角与转子齿数 Z_r 和拍数 N 之间关系为

$$\theta_s = \frac{360°}{Z_r N} \qquad (5\text{-}13)$$

此处，N 为拍数，单三、双三拍时，$N=3$；单双六拍时 $N=6$。

可见，步进电动机的步距角和定子相数及转子齿数成反比。定子相数越多，则步距角越小，精度越高，但供电电源和电机结构也越复杂。所以，一般步进电动机的相数不超过六，而且主要通过增加转子齿数来提高系统精度。

如果连续不断地输入脉冲，则电机转子就连续旋转，其转速与脉冲频率有关。电机转速为

$$n = \frac{60f}{Z_r N} \quad (\text{r/min}) \qquad (5\text{-}14)$$

步进电动机的转速取决于脉冲电源的频率、转子齿数和拍数，而与电压、负载和温

度等因素无关。当转子齿数一定时，转子转速与脉冲电源的频率成正比，即电机转速与脉冲频率同步。这样，步进电动机可以直接采用开环控制，并进行较宽范围的无级调速。

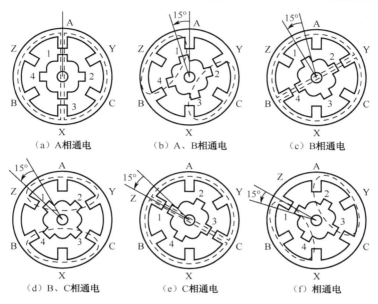

图 5-19 反应式步进电动机三相单、双六拍运行方式

5.2.2 步进电动机控制与应用

1. 步进电动机的主要技术数据

（1）步距角。指每给一个脉冲信号电机转子所转过的角度，通常用电角度来表示。

（2）精度。通常指的是最大步距误差。从使用者的角度看，多数情况使用累积误差比较方便。

（3）定位转矩。指绕组不通电时电磁转矩的最大值，或转角不超过一定值时的转矩。通常反应式步进电动机的定位转矩为零，除非具有特殊的产生定位转矩的装置。

（4）静转矩。指不改变控制绕组通电状态，即转子不转情况下的电磁转矩。对应于某一失调角时，静转矩的最大值称为最大静转矩，它取决于通电状态及绕组内电流的值。

（5）动转矩。指转子转动情况下的最大输出转矩，它与运行频率有关。

（6）起动频率。指电动机空载起动和停止均无失步的最高频率，又称为最高起动频率或空载起动频率。

（7）运行频率。指频率连续上升时，电动机能不失步运行的最高频率，又称为连续频率。

2. 步进电动机的选用原则

步进电动机系统是典型的机电一体化装置，选用时需要考虑机械、电气和驱动控制等诸多因素。对于终端用户，最好步进电动机、驱动控制器及直流电源选择一个生产商的配套产品,这样能够保证配置合理,品质优良。

(1) 步进电动机的选用

步进电动机的选择首先要考虑的是外形尺寸(机座号)、转矩和步距角。最大静转矩是主要参考指标。

步进电动机在较高速或大惯量负载时,一般不在工作频率起动,而是采用逐渐升频提速,这样可确保电机不失步,同时可以减少噪声。

使用步进电动机时,还要注意自振荡现象。当反应式步进电动机的控制脉冲频率连续升高达到一定值时,开始出现显著的振荡现象,频率继续提高时,振荡越来越大,直到不能运转。

(2) 驱动控制器的选用

步进电动机的性能在很大程度上取决于矩频特性,而矩频特性又与驱动控制器密切相关。常用的驱动控制方式有单电压驱动、双电压驱动、斩波恒流驱动、调压调频驱动和细分驱动等。

除了注意驱动方式和矩频特性外,在选择步进电动机驱动控制器时,还应注意:

① 使用的电源是交流的还是直流的;

② 驱动方式是定电压驱动还是定电流驱动;

③ 输入信号的电平逻辑、脉冲宽度;

④ 输出信号的电压、电流序列。

任务 5.3 直线电动机

直线电动机是一种做直线运动的电机,早在 18 世纪就有人提出用直线电机驱动织布机的梭子,也有人想用它作为列车的动力,但只是停留在实验论证阶段。直到 19 世纪 50 年代,随着新型控制元件的出现,直线电机的研究和应用才得到逐步发展。特别是最近二十多年来,直线电机广泛应用于工件传送、开关阀门、开闭窗帘及门户、平面绘图仪、笔式记录仪、磁分离器、磁浮列车等方面。

与旋转电机相比,直线电机主要有以下优点:

(1) 由于不需要中间传动机构,整个系统得到简化,精度提高,振动和噪声减小。

(2) 由于不存在中间传动机构的惯量和阻力矩的影响,电机加速和减速的时间短,可实现快速起动和正、反向运行。

(3) 普通旋转电机由于受到离心力的作用,其圆周速度有所限制,而直线电机运行时,其部件不受离心力的影响,因而它的直线速度可以不受限制。

(4) 由于散热面积大，容易冷却，直线电机可以承受较高的电磁负荷，容量定额较高。

(5) 由于直线电机结构简单，且它的初级铁芯在嵌线后可以用环氧树脂密封成一个整体，所以可以在一些特殊场合中应用，如可在潮湿环境甚至水中使用。

直线电动机按其工作原理可分为直线感应电动机、直线直流电动机、直线同步电动机、直线步进电动机等；按结构型式可分为扁平型、圆筒型（或管型）、圆盘型和圆弧型四种。

5.3.1 直线感应电动机

1. 直线感应电动机的主要类型和基本结构

直线感应电动机主要有扁平型、圆筒型和圆盘型三种。

（1）扁平型

直线电机由旋转电机演变而来，如图 5-20 所示。

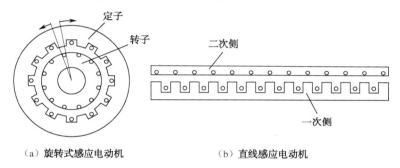

图 5-20 直线感应电动机的演变过程

图 5-21 所示的单边型除了产生切向力外，还会在初、次级之间产生较大的法向力，这对电机的运行是不利的。所以，为了充分利用次级和消除法向力，可以在次级的两侧都装上初级，这种结构称为双边型，如图 5-22 所示。

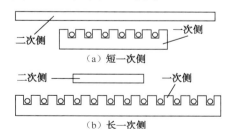

图 5-21 扁平型直线感应电动机

（2）圆筒型

如果把扁平型直线电机的初级和次级按图 5-23（a）所示箭头方向卷曲，就形成了图 5-23（b）所示的圆筒型直线电机。在圆筒型直线电机中，把菱形线圈卷曲起来，就不需要线圈的端部，而成为饼式线圈，这样可以大大简化制造工艺。

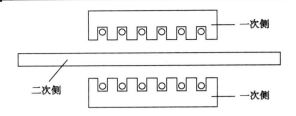

图 5-22 双边型直线感应电动机

(3) 圆盘型

圆盘型直线电机如图 5-24 所示,与普通旋转电动机相比,具有以下优点:

① 力矩与旋转速度可以通过多台一次侧组合的方式或通过一次侧在圆盘上的径向位置来调节。

② 无须通过齿轮减速箱就能得到较低的转速,因而电动机的振动和噪声很小。

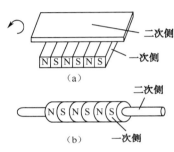

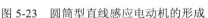

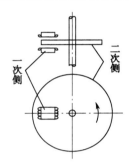

图 5-23 圆筒型直线感应电动机的形成　　图 5-24 圆盘型直线感应电机

2. 直线感应电动机的工作原理

由上所述,直线电机是由旋转电机演变而来的,所以当初级的多相绕组中通入多相对称电流后,也会产生一个气隙磁场,这个磁场的磁通密度波是直线移动的,故称为行波磁场,如图 5-25 所示。

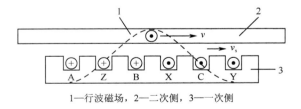

1—行波磁场，2—二次侧，3—一次侧

图 5-25 直线感应电动机的工作原理

行波的移动速度与旋转磁场在定子内圆表面上的线速度是相同的,称为同步速度 v_s。

$$v_s = \frac{D}{2}\frac{2\pi n_0}{60} = \frac{D}{2}\frac{2\pi}{60}\frac{60f_1}{p} = 2f_1\tau \qquad (5\text{-}15)$$

其中电机极距为

$$\tau = \frac{\pi D}{2p} \tag{5-16}$$

在行波磁场切割下，次级中的导条将产生感应电动势和电流，导条中的电流和气隙磁场相互作用，产生切向电磁力。如果初级是固定不动的，那末次级就沿着行波磁场行进的方向做直线运动。

若次级移动的速度用 v 表示，则滑差率为

$$s = \frac{v_s - v}{v_s} \tag{5-17}$$

次级移动速度为

$$v = (1-s)v_s = 2\tau f_1(1-s) \tag{5-18}$$

式（5-18）表明，直线感应电动机的速度与电源频率及电机极距成正比，因此改变电源频率或电机极距都可改变电动机的速度。

3. 工作特性

旋转电机的最大转矩出现在高速区，而直线感应电动机的最大推力出现在低速区，起动力大。

与旋转电机一样，改变直线感应电动机初级绕组的通电次序，便可以改变电动机运动的方向，这样就可使直线电机做往复直线运动。在实际应用中，我们也可以将次级固定不动，而让初级运动。因此，通常又把静止的一方称为定子，而运动的一方称为动子。

由上可见，直线感应电动机与旋转感应电动机在工作原理上并无本质区别，只是所得到的机械运动方式不同而已。但是，两者在电磁性能上却存在很大的差别，主要表现在以下三个方面：

（1）旋转感应电动机定子三相绕组是对称的，因而若所施加的三相电压对称，则三相电流就是对称的。但直线感应电动机的初级三相绕组在空间位置上是不对称的，位于边缘的线圈与位于中间的线圈相比，其电感值相差很大，也就是说三相电抗是不相等的。因此，即使三相电压对称，三相绕组电流也不对称。

（2）旋转感应电动机定、转子之间的气隙是圆形的，无头无尾，连续不断，不存在始端和终端。但直线感应电动机初、次级之间的气隙存在着始端和终端。当次级的一端进入或退出气隙时，都会在次级导体中感应附加电流，这就是所谓的"边缘效应"。由于边缘效应的影响，直线感应电动机与旋转感应电动机在运行特性上有较大的不同。

（3）由于直线感应电动机初、次级之间在直线方向上要延续一定的长度，且法向电磁力往往不均匀，因此在机械结构上一般将初、次级之间的气隙做得较长，这样，其功率因数比旋转感应电动机还要低。

5.3.2 直线直流电动机

与直线感应电动机相比，直线直流电动机没有功率因数低的问题，运行效率高，并且控制方便、灵活。若与闭环控制系统结合在一起，可以精密地控制直线位移，其速度和加速度控制范围广，调速平滑性好。直线直流电动机的主要缺点还是电刷和换向器之

间的机械磨损,虽然在短行程系统中,直流直线电动机可以采用无刷结构,但在长行程系统中,就很难实现无刷无接触运行。

直线直流电动机类型也很多,按励磁方式可分为永磁式和电磁式两大类。前者多用于驱动功率较小的场合,如自动控制仪器、仪表;后者则用于驱动功率较大的场合。

1. 永磁式直线直流电动机

按照结构型式的不同,永磁式直线直流电动机可分为动磁型和动圈型两种,如图 5-26、图 5-27 所示。

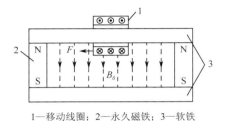

1—移动线圈;2—永久磁铁;3—软铁

图 5-26 动圈型直线直流电动机结构示意图

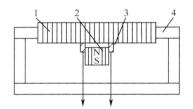

1—固定线圈;2—移动磁铁;3—电刷;4—软铁

图 5-27 动磁型直线直流永磁式电动机

2. 电磁式直线直流电动机

把永久磁铁改成电磁铁,就成为电磁式直线直流电动机,如图 5-28 所示。

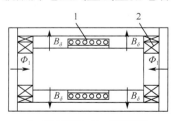

1—移动线圈;2—励磁线圈

图 5-28 电磁式直线直流电动机

5.3.3 直线电动机应用举例

直线电动机既可作为控制系统的执行元件,也可以用于较大功率的电力拖动自动控制系统。

1. 高速列车

(1) 常导吸浮型高速列车

常导吸浮型高速列车如图 5-29 所示。

(2) 超导悬浮型高速列车

超导悬浮型高速列车如图 5-30 所示。超导悬浮型直线同步电动机初、次级之间的气隙可以设计得比较大,易于控制,但由于采用超导,且全程都必须设置电枢绕组,所以总体成本高;常导吸浮型直线感应电动机的气隙不能做得过大,否则电动机的效率和功率因数都偏低,所以它对控制系统的要求较高,但用电磁铁悬浮较超导悬浮成本要低不少。因此,目前各国普遍倾向于发展常导吸浮型高速列车。

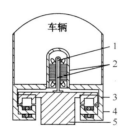

图 5-29 常导吸浮型高速列车

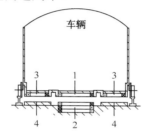

图 5-30 超导悬浮型高速列车

2. 笔式记录仪

笔式记录仪如图 5-31 所示。

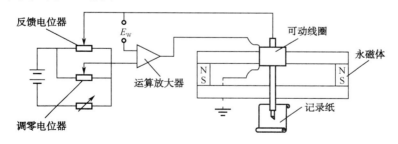

图 5-31 笔式记录仪

3. 自动绘图机

自动绘图机如图 5-32 所示。

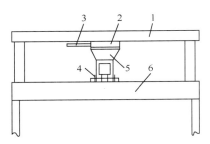

1—定子平板；2—动子；3—压缩空气管及引线；4—绘图笔；5—笔架；6—平台

图 5-32　自动绘图机图台的结构示意图

思考与练习题

5.1　直流伺服电动机为什么有始动电压？与负载的大小有什么关系？

5.2　交流伺服电动机控制信号降到 0 后，为什么转速为 0 而不继续旋转？

5.3　幅值控制的交流伺服电动机在什么条件下电机磁通势为圆形旋转磁通势？

5.4　交流伺服电动机额定频率为 400Hz，调速范围却只有 0～4000r/min，为什么？

5.5　三相反应式步进电动机为 A—B—C—A 送电方式时，电动机顺时针旋转，步距角为 1.5°，请填入正确答案：

（1）顺时针，步距角为 0.75°，送电方式应为＿＿＿＿＿＿＿＿；

（2）逆时针，步距角为 0.75°，送电方式应为＿＿＿＿＿＿＿＿；

（3）逆时针，步距角为 1.5°，送电方式可以是＿＿＿＿＿＿＿，也可以是＿＿＿＿＿＿。

5.6　步进电动机转速的高低与负载大小有关系吗？

5.7　五相十极反应式步进电动机为 A—B—C—D—E—A 通电方式时，电动机顺时针转，步距角为 1°，若通电方式为 A—AB—B—BC—C—CD—D—DE—E—EA—A，其转向及步距角怎样？

5.8　步距角为 1.5°/0.75° 的反应式三相六极步进电动机转子有多少齿？若频率为 2000Hz，电动机的转速是多少？

5.9　六相十二极反应式步进电动机步距角为 1.2°/0.6°，求每极下转子的齿数。负载起动时的频率是 800Hz，电动机起动转速是多少？